環境共生の歩み

四日市公害からの再生・
地球環境問題・SDGs

林 良嗣／森下英治／石橋健一
日本環境共生学会

[編]

野中ともよ／朴 恵淑／種橋潤治／馬路人美
鶴巻良輔／岡田昌彰／森 智広／那須民江
沖 大幹／溝口 勝／遠藤和重

[著]

明石書店

はしがき

　1998年に設立された日本環境共生学会が20周年を記念して、公害の原点とも言える三重県四日市市で2018年9月に集い、シンポジウム「四日市から考える地球と人の未来」を開催した。その登壇者に、公害裁判の被告企業と塩浜小学校の当時の児童、日本や世界で環境に関する独自の論と研究を展開してきたジャーナリスト、経済人、学者を招いた。本書は、その要約的記録である。

　記念講演では、「いのち」を基軸とした地球社会への回帰、2つのパネルディスカッションでは、四日市公害とその克服の歴史と意義、そして、広く地球環境について、化学物質の人体・健康への影響、原子力事故の土壌汚染・農業への影響、きれいな水と貧困、途上国開発と環境、を通して語り合った。以下に、その内容を紹介するが、四日市は、編者の一人、林の生まれ育った故郷でもあるため、思い入れも含めて詳しく書くことをお許しいただきたい。

　第1部、記念講演「地球環境と企業、市民、政府、NPO——GAIAから見る」は、NHKなどのメインキャスター、三洋電機会長そしてNPOガイア・イニシアティブ代表として活動してきた野中ともよ氏によって行われた。我々人間が自然の中で生かされているという認識を持つこと、企業が効率性と収益性だけでなくG軸（GAIAコンピタンス：地球生命体に適合する能力）を備えること、自然環境を西欧的に「外界」と見るのではなく、その懐で生かされている一員として「いのち」を軸にバランスをとる責任を持って生きていくことの重要性が説かれた。

　第2部、パネルディスカッション「四日市：公害克服からコンビナート夜景観光まで」では、まず、四日市商工会議所会頭の種橋潤治氏が、近代の四日市が明治32（1899）年開港の港を中心に、繊維工業、羊毛輸入から石油化学の立地に伴って工業港となり、公害問題と全国初の総量規制などによるその克服を経て、自動車輸出、世界最先端・最大規模の半導体工場、研究開発と実証工場を兼ね備えたマザー機能の展開など、日本屈指の産業集積を図ってきた歴史を

3

語った。

　次に馬路人美氏が、公害の体験を語った。四日市公害裁判の 1972 年ころに大気汚染激甚地区の真ん中にあった塩浜小学校の児童であったが、学校では毎日ホウ酸でうがいをさせられ、近くの海に入ってはならないと注意されたという。また、魚が生息できないほど汚染された四日市港を四日市海洋少年団のカッター漕手として見てきた経験を語った。

　被告企業の部長であった鶴巻良輔氏は、裁判に負けてすぐに出向先のオランダから呼び寄せられたときには、裁判は間違っていると思ったという。しかし、新脱硫装置の稼働に奔走し、のちに、裁判の意義は企業の利潤関数の前にマイナス符号を付けたことであり、企業が社会のために働けるようにしてくれた「四日市裁判は名裁判であった」と思うようになったと述懐した。

　テクノスケープ学者の岡田昌彰氏は、このコンビナートにおける戦前の製糸業や、戦後、海軍工廠跡地に形成された臨海工業地帯と重要文化財の旧港の潮吹き堤等、および末広橋梁のインフラを、一連の産業遺産景観、すなわちテクノスケープと呼ぶ。石油化学工業が公害を引き起こし、公害裁判と市民、企業の努力によって立ち直った歴史の背景を持ち、ともに大きな遺産となったことを紹介した。

　市長の森智広氏は、東海道五十三次の 43 番目の宿場町であった四日市が、公害で知られるようになり、1967 年の損害賠償訴訟、1972 年の原告側の全面勝訴、工場ごとの硫黄酸化物排出許容量の総量規制、排煙の硫黄分除去の技術、喘息患者への医療費助成制度、国際環境技術移転センター、四日市公害と環境未来館、夜景クルーズ、など、悲惨な状況から環境改善へ、そして次世代、海外への伝承の仕掛けを築いてきた道のりをたどった。

　第 3 部、パネルディスカッション「環境共生の歩み：公害、ローマクラブ成長の限界、地球環境から、SDGs まで」では、まず、松本サリン事件の疫学調査を行った化学物質リスク学者の那須民江氏が、現代社会の「陰」としての典型 7 公害、気温上昇・熱中症やプラスチック海洋汚染など地球規模環境問題のほか、化学物質の胎児期被曝による次世代への健康影響、フロン・メチル水銀など生態系の仕組みを考えない、あるいは人体内で脂用性化学物質が水溶性に変わり排せつされる仕組みを無視した化学物質開発のリスクなどを警告し、生

態毒性学の重要性を説いた。

　水学者で国連事務次長補の沖大幹氏は、水と生命、人権、教育の問題を語った。安全な水を飲めない人が8億人もいて、毎年50万人が死んでいる。水場が30分以遠の家庭の人数が2億人超、それを担う女性、子どもが毎日多大な時間を費やし、社会進出、人権や教育が損なわれる。公害問題は問題解決型で対処したのに対し、地球規模問題は事前回避が重要だが、きわめて困難である。しかし、未来志向を貫くべきだと説いた。

　土学者でNPO法人ふくしま再生の会副理事長の溝口勝氏は、原発事故で放射性セシウム汚染の被害を受けた飯舘村での3年間の観察を経て、セシウムが粘土に強く吸着する性質に着目しての安全な農地の回復、白米には吸収されないことを確認して栽培した酒米で造った純米酒、ICTを使った営農管理システム等によって、「土なしでは生きられない」地元農家との協働の重要性を報告した。

　1971年に設立の日本初の国連組織、国連地域開発センター所長の遠藤和重氏は、開発途上国の地域開発と環境保全のために蓄積してきた研究実績や、途上国からの研修生を受け入れてきた活動を説明。3R（Reduce, Reuse, Recycle）、EST（Environmentally Sustainable Transport）の国際フォーラムを推進するとともに、同センターがSDGs（国連持続可能な開発目標）を所轄する国連本部社会経済局UNDESAの下部組織であることから、SDGsをテーマに日本と途上国の連携を支援する役割を果たすと報告した。

　なお、シンポジウムを書籍にまとめるにあたり、パネルディスカッションの登壇者の方々より、発表テーマに関連する論考をご寄稿いただいた。それらは第2部、第3部の後半に「コラム」として掲載したので、あわせてお読みいただきたい。

2019年9月

編者　林　　良嗣（日本環境共生学会会長〈20周年大会当時〉、中部大学教授）
　　　森下英治（日本環境共生学会事務局長、愛知学院大学教授）
　　　石橋健一（日本環境共生学会常務理事、20周年大会実行副委員長、
　　　　　　　　名古屋産業大学教授）

目次 環境共生学の歩み

はしがき ……………………………………………………………… 林　良嗣　*3*

第1部　記念講演

地球環境と企業、市民、政府、NPO──GAIA から見る

　　　　　　　　　…………………………………………… 野中ともよ　*9*

第2部　パネルディスカッション

四日市：公害克服からコンビナート夜景観光まで

第1章　環境と経済界の役割 ………………………………… 種橋潤治　*40*

第2章　四日市港の海で育って …………………………… 馬路人美　*48*

第3章　四日市公害裁判の被告側の立場から ……………… 鶴巻良輔　*51*

第4章　四日市の産業景観と工場夜景 ……………………… 岡田昌彰　*56*

第5章　環境改善と産業発展が両立したまちづくり ………… 森　智広　*64*

ディスカッション ……………………………………………………… *74*

コラム① 　四日市の海と空：公害裁判の意義 ……………… 林　良嗣　*82*

コラム② 　四日市公害に直面して ………………………… 鶴巻良輔　*86*

コラム③ 　四日市公害の克服と国連持続可能な開発目標（SDGs）、
　　　　　 未来都市四日市創生 ……………………………… 朴　恵淑　*94*

第3部　パネルディスカッション

環境共生の歩み：公害、ローマクラブ「成長の限界」、地球環境から、SDGs まで

第6章　化学物質の環境汚染と健康 …………………… 那須民江　*110*

第7章　地球水循環とエコシステム ………………………… 沖　大幹　*120*

第8章　原子力災害からの農業復興 ………………………… 溝口　勝　*129*

第9章　UNCRD の活動：途上国の経済発展、環境汚染、
　　　　CO₂ から SDGs まで ……………………………… 遠藤和重　*140*

ディスカッション …………………………………………………………… *145*

コラム④　持続可能な社会のための千年科学技術：
　　　　　ポスト SDGs を見据えて ……………………… 沖　大幹　*151*

コラム⑤　あなたの知らない"土の世界"：
　　　　　放射性セシウムとの関係 ……………………… 溝口　勝　*157*

コラム⑥　環境化学物質の毒性とレギュラトリーサイエンス ‥ 那須民江　*181*

第1部

記念講演
地球環境と企業、市民、政府、NPO——GAIAから見る

野中ともよ

NPO 法人ガイア・イニシアティブ代表／
ローマクラブ・フルメンバー／中部大学客員教授

野中ともよ氏は、NHK、テレビ東京等で数々の番組のメインキャスター
を務め、国際社会の動向を前線から伝えるジャーナリストとして活躍。
その後、アサヒビール、ニッポン放送、住友商事などの企業役員を歴任。
2005 年には三洋電機代表取締役会長を務め、"いのち" を軸にした環境
負荷の低い商品こそがグローバルマーケットを制する鍵であるとし、卓
越した経営手腕を示した。2007 年 NPO 法人を立ち上げ、人間も地球と
いう生命体 GAIA の一員として振る舞うべきことを説く。記念講演では、
GAIA ＝命を軸に生きる思想について語っていただく。

この素晴らしい学会が、二十歳におなりになる。そんな記念の年に、こうしてお話しできる機会を頂戴しましたことに、まず、御礼申し上げます。

　思えば、この四日市という街のみならず、日本という国の、この20年。そして、もう少しレンジを広げれば、終戦後の70数年は、まさに激動の社会変化が起きた時代であったと思います。焼け野原から、ただ食べられることだけを夢見た時代を疾風怒濤の勢いで駆け抜け、工業化を驀進。この街がその代名詞になるほどの「公害」大国と呼ばれる日々を克服。課題先進国として、国際的に先陣を切って「環境技術」の開発を進め、サービス業や「健康産業」のリーダーとしての発展も成し遂げてきました。

　私自身も、この日本の戦後の高度経済成長とずーっと符号を合わせるように、東京生まれの東京育ちとして大きくなってきた世代です。昭和30年代は小・中学生。杉並区もほとんど田んぼ。小学校の行き帰りにザリガニを採ったり、そういうものが大好きで、自然の懐の中にいた記憶があります。

　現在の東京は、当時には想像もつかないほど「都市化」してしまった、単なる産業のための「機能化」された広がりでしかなくなってしまいましたが。

　目を世界に転じても、激流と呼んでも足りないほどの、大変革の70数年だったと思います。

　月に一歩踏み出すのは、私たちの国の若者だとJFKが言ったことから、情報通信・技術開発が始まって、地球人のほとんど、と言ったら大袈裟ですが、スパイじゃないのに（笑）、一般人も携帯電話を持てるようになった。いやぁ便利と思う間もまく、もうビッグデータ、AIだ、と。こうした、先端技術が生まれると、必ず、ガンガンガンガンと木っ端微塵に砕かれて崩れていくものがある。それは、それまでの「権威」や「パワーストラクチャー」です。

　「鉄は国家なり」……はあ？　「造船大国」「繊維の国、日本」……はあ？　今の若い人々にはそんな印象ではないでしょうか。

　さあ、今日はそんな中で、私に与えられたタイトルがこれ。

　「地球環境と企業、市民、政府、NPO——GAIAから見る」。今日ここにお集まりのご専門の方たちには、何の説明もいらないと思いますが、「ガイア」

という視点から、これからの日本や、地球の未来について思うことをお話しさせていただきたいと思います。どうぞお付き合いくださいますように。

　さて、時代を変えていくときに大事な人間とは？　これは私の持論でありますが、「アホな人間」です。「アホ」と言いましても「熱く惚れる」のアブリビエーション、省略形です。つまり、熱く惚れると人はどうなるか。対象がお人であれ、スポーツであれ、あんたそれはちょっと間違ってるよ、やばいよ、あの人はやめといたほうがイイ、とか、周りがどんなに本人のためにアドバイスしようが、そんなことおかまいなし！　おのれの中のエネルギーを出しまくって、突入していく、というのが、たぶん、「熱く惚れる」、「アホ」。つまりは、時代から、あるいは権力、あるいは権威の方たちから、何と誹りを受けようと、しょうがないなって言われようと、おのれの感性や考えを貫き通して行動できる（笑）っていう人間が必要ではなかろうか、というのが、私が学生時代から思ってきたことです。はい、シノゴノの説明なしの、ホントのアホの野中でもありますが。

　1973年――第一次オイルショック――あの時代に大学生になっているような世代でございます。当時もミグ（MiG-25）戦闘機が函館に飛んできたり（ソ連のベレンコ中尉亡命事件）とか、私の専攻はジャーナリズムでしたから、さまざまに変化する世の中のことにどうやってアンテナを開いていくか、そんな中で出会ったのが、ジェームズ・ラブロックという人でした。

ガイア理論

　ジェームズ・ラブロックという人は、小学生のころから「マッド・サイエンティスト」と呼ばれる、科学大好き、化学大好き、物理も大好き少年。で、彼が1970年代に「ガイア理論」というのを世に出しました。ガイアというのは、ギリシャ神話の大地の女神の名前ですね。地球を表すときにはアース（Earth）と言っていたんだけど、ガイアと呼んでみましょうねというのが、「Theory of Gaia」。この地球様というのは一つのホメオスタシス（恒常性）、一つのLiving Organismで、有機的に生きている存在である、という説です。

　当時、こういうお馬鹿なことを言うと、そういうのはサイエンティフィック

図1 ガイア理論とジェームズ・ラブロック博士

ではない、文学者だとか言われて、本当に揶揄されました。でも今日、彼は、本国イギリスではエリザベス女王を入れても確か10人か11人という、日本で言うと人間国宝のトップ中のトップレベルの一人になっています。彼が日本にいらっしゃるときには必ず一緒にお食事をさせていただく光栄に浴していますが、彼がなぜこれを言い出したかというお話をします。ちなみに、世界中に環境問題意識というものを広く伝えた先人と言われる、あの『沈黙の春』の著者レイチェル・カーソンの背中を押して、出版を勧めたのもラブロック博士だとうかがいました。

　図2の写真を覚えていらっしゃいますか。1968年、月を周回するアポロ8号から見た「地球の出」です。60年代に入って初めて人類が、宇宙の外側から我がお星様をしっかり映像化できた。このビジュアライズすることができたことが大きかった。これは結構なインパクトを我々人類に与えました。

　それまでは、一方的にこちらから空を見上げて、カシオペアとか北極星と思っていたら、あちら側から見ると、私たちも俺たちも限りある小さなお星様の上に乗っかっているパッセンジャー、乗組員でしかないんじゃないか！　運命共同体だよ、と。バックミンスター・フラーが「宇宙船地球号」という発言をしたのもこのころ。ラブロック博士の理論が生まれたのは、こうした時代背景があってのことだったのかもしれませんね。

　ようやくそんな意識が生まれたのもつかの間、その星の今の状態が、図3

図2　月を周回するアポロ8号から見た「地球の出」(1968年12月)

図3　地球の今

図4　人類の総数の人口パイチャート（2010年）

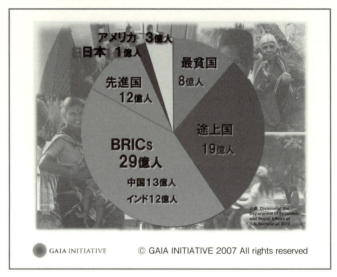

です。
　私もかつての四日市のひどい状態というのを成長の過程で見ている世代です。このお星様の上には2000万種類、あるいは3000万種類もの命——コアラとかパンダとかゴキブリとか糞虫とか芋虫とか全部入れて、植物系ももちろん入れれば、大変な数の命があると言われておりますが、そのうちのたった1種類でしかない我らhuman beingの相当横暴な振る舞いの結果ですが。
　この1種類の人類の総数の人口パイチャートが図4です。
　これは2010年のデータで、今はもっと状況が変わっています。これを時計だと思ってください。一番上が12時です。アメリカがおよそ3億人。その左隣が日本で1億人ちょっと。で、他のいわゆる先進国を入れても、10時から12時ぐらいの割合でしかありません。BRICsが29億人、BRICsにも及ばない途上国の人口が19億人。それにも届かない最貧国。この状態です。で、今日の環境問題というのは大体この10時から12時の国々によるもの。今、途上国・最貧困の人たちが、私たちだってリッチになりたーいとイケイケドンドン経済発展の驀進を目指したら、どうなるか。地球がいくつあっても足りませ

図5 世界人口の推移（推計値）

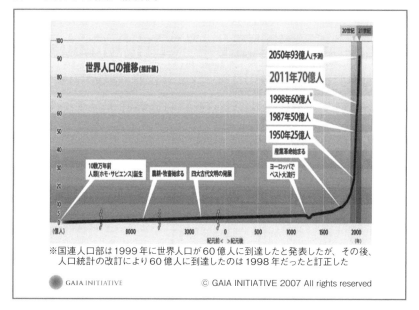

ん。極端な気候変動も世界各地で起きています。でも、多くの国々は、今までの振る舞いを大きく変えようとは、いまだにしていないというのが現状です。

次も釈迦に説法のグラフです（図5）。詳しい説明など何の必要もない。この急激な人口増と、CO_2排出量のグラフは同じ勢いで右肩を上げます。

今は2018年ですが、このままいけば2050年には地球の人口は93億人になる、とも言われます。なぜ、私たちは、便利さを求め、幸せになりたいと思うのか。哲学的アプローチは置いておくにしても、です。

「お金」という目盛

質問の表現を変えれば、「きょうび、人間は何を求めているか？」とも言える。
ひらたーく言うと、答えはこれではありませんか？（図6）
石油をどうして使ったか？　便利になるから。しかもうまく使うと儲かる商売になる。つまりは生きていくためです。経営とはこれ！　つまり、お金を目

図6　人間が求めているもの

指さねばダメなんです！　などなど。目標、あるいは目的は、いろんなことがあるけれども、このお金というものに置き換えることができて、この目盛が増えることイコール発展であり文明であり、幸せの目盛が上がるというふうに私たちはどういうわけか信じ切ってきたわけです。

戦後の日本丸は？

　「日本丸」のことを考えてみましょう。
　戦後の焼け野原、食べていくのが大変です。食べるためにどうしなきゃいけないか。農業漁業？　そんな第一次産業は田舎モンの生き方でダサい。集団就職列車走らせて、目指すは工業立国。4大工業地帯に、輸出大国。大量生産大量消費で、所得倍増、高度な経済成長万歳。中学を卒業した若者たちも、どんどん東京、大阪、名古屋を目指した。東北地方、山間部から東京へ。四日市もそうだったと思います。目標は何か。早く一人前の男や女になって金を稼ぎたいと、ガンガンいきました。ガンガンいって世界第2位の債権国になれたわけです。「お父さんは外で稼いで、お母さんはしっかり家の中で子育て」。
　男女の役割も、そんな社会づくりを反映するものだったと思います。
　高度経済成長で右肩が上がっている間は、実際、そもそも焼け野原からの

図7　戦後の日本の目標

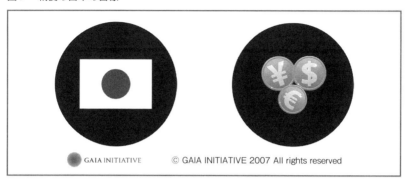

出発ですから、何をやっても頑張れば頑張るほどに、それこそ、「いいね」だらけの所得倍増人生。みんな「大きいことは　いいことだあ〜」のコマーシャルソングのように、大量生産大量消費の生活に「幸せ」をシンクロさせて生きていくことができたのだと思います。その裏側で起きているあまりに大きな「負」の公害や自然環境破壊の実態に、メディアはもちろんのこと、政治も行政も私たち一人ひとりの市民も、真剣に向き合うことに力を入れることはありませんでした。

　環境庁ができたのも、もう、あれやこれや、あちこちから文句ばっかり来るので、文句を専門に取り扱う文句窓口みたいな形で立ち上がったのだ、というお話を聞いたことがあります。なんとかしないと大変だ、レギュレーション（規則・法規）も作れる役所を、環境を守るという視座でね、ということだったと思います。

　つまり、経済活動がまず最優先だけれども、環境にもそこそこ配慮っていう、このパワーバランスみたいなものをどのようにとるかというのが、「持続可能性」という単語の中身。そのリーダーシップをとるのがこのお役所の仕事、だったのだと思います。

　当時のプロセスとしては、必要なものだったと思いますが、「環境vs開発」というふうに考える、このパースペクティブ、捉え方の先には、未来を拓くためのアルゴリズムはもう出てこないような気がしている、というのが、本日シェアさせていただきたい大きなポイントの一つです。

図8　環境と開発の関係

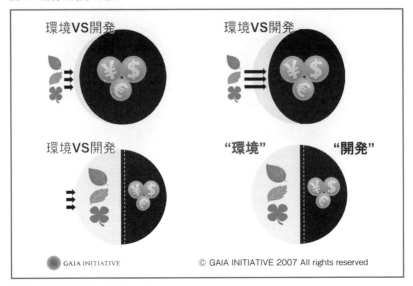

何を、どう変える？

　お金の目盛を増やすために驀進！　その結果こうなってしまった、その気づきが急激に広くシェアされ始めた昨今ではないか。
　それに気づいた今だからこそ、この言葉をシェアしたいと思います。
　「No problem can be solved by the same level of consciousness which created it.」。アインシュタインさんが言った言葉です。「どんな問題も、それを起こしたのと同じレベルの良識、意識でもって解決なんかできやしないよ」という、けだし名言です。
　この言葉で言うところの「コンシャスネス」は、言ってみれば、「昭和の高度経済成長のコンシャスネス」——つまらない話ではありますが、「男として生まれたからには一戸建てを持てないと男とは呼べない」なんて、我々が当たり前にいだいてきた男の生き方のイメージとか、何のために働くのか、などなど。

図9　今だからこそシェアしたい、アインシュタインの言葉

　一戸建ての話など、今の若い人に言ったらプッと吹きますよ。シェアハウスですから、きょうびは。3時間も電車に揺られて、ローン抱えて郊外に一戸建てでちっちゃい庭で、カローラを買って、カローラの次はベンツに買い換えられたから万々歳！の自慢話にもきっと「お父さん、かわいそうな人生だったね」って。それぐらいコンシャスネスは変わってきています。いつの時代も変わるのが当たり前だとは言いながら、世代間の意識格差は想像を超える勢いで、さらに加速しながら拡大しているように思います。
　ここで確認しておきたいのは、「お金」つまり「経済発展」を目指す中で起きてきたさまざまな公害をはじめとする「環境問題」に対峙するときに、同じ意識レベル、つまりそれを「お金」で解決しようと試みる「意識レベル」では、とうてい解決への道などひらけない、ということです。

「Think Gaia」というヴィジョン

　学生時代からのテーマでもあった環境問題に関連して、三洋電機の社外取締役から会長になったときに、これからの仕事というものは、次のように考えていくべきではないか、と思ったのです。もちろん企業経営です。ボランティアではありません。利益を上げてなんぼ、の世界であることは言うまでもない。でも問題は、「何のために、働くのか」の、向かうべき先のヴィジョン。そし

て、自分自身の羅針盤、コンパスをしっかり手に持つことの2点です。

そのために創ったのが「Think Gaia」というヴィジョンです。

今、この Gaia＝地球が抱えている問題の解決のために、力を尽くそう、という意味です。地球に生きている私たちの生活を「いのち」という視点から捉え直し、直面している課題の解決には、絶対に私たちの技術力が必要なのだから、その視座に立って、技術開発をし、商品開発を進めていこう、ということです。具体的なお話には、のちほど少し触れさせていただくことにして、一般論として、ご説明させていただきますね（図10）。

B軸をビジネスの軸、G軸は、いのちの軸、と呼んでもよい。G軸がプラスというのは、文字どおり「いのち」によい価値、「いのち」が喜ぶ価値。一番上の第4象限の図から見てください。戦後20世紀型の経営者は、とにかく売上をあげて、お金をガンガン稼げば、よい経営者と呼ばれた。たとえ廃水で海の水が濁って油の匂いになろうが、喘息が多くなった、アトピーが多くなった、とか、背中の曲がったお魚が増えてきた、などなど、「いのち」の軸がマイナスに振れていっても、しょうがない、必要悪かも、だって儲かってどんどん社員にボーナスを出し、国家に税金を払い、株価も上げるのが経営者の使命なのだから……と。

ところが20世紀の後半になって、この単語が出てきました。「CSR」。コーポレートだってソーシャルにリスポンシビリティがあるだろう、というインデックス（指標）です。これは、ないよりあったほうがいいに決まっています。たとえば、ボランティア休暇。最初に設けたのは、たぶん日本ではゼロックスだったと思いますが、中国に植林に行くとか、環境のために何かやるっていうボランティアで休む人には有給でよし、というものだったと思います。

経営者にとっては、これは、経営のお金の軸としてはマイナスです。だけど CSR というのが出てきたから。実は、これは IR レポートの変化です。Investor Relations。つまり、投資家から投資してもらうためには、こういうインデックスもそろそろ必要だよね、と考える向きが出てきた。当然と言えば当然です。株式市場も人間がやっていますから、このままじゃまずいよね、と社会や人々の意識のベクトルを察知する動きのおかげでもあります。こうして図10中央のように、第2象限への移行が起こりました。

図10　20世紀型経営から、「ガイア・コンピタンス経営」へ

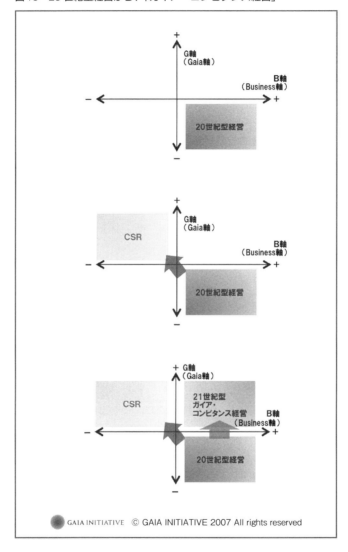

なかった時代と比較すれば、格段の変化です。でも、これは、コンシャスネスから見れば、同じこと。大きな一歩ですが、もはや、地球規模での気候変動や、資源の有限性を認知した「地球号の乗組員」としては、遅すぎる。そう、必要なシフトは、第1象限へのさらなるシフトです（図10下）。「コンシャスネス」のシフトです。目的を、お金一辺倒から、まず、G軸の追求にしてみる。利益追求から、「いのち」の目盛をさらに上げることを目的にするのです。人間はもちろん、この星の上にある、つながる「いのち」（植物も動物も……）が喜ぶ営みを目指す。問題の解決しかり。方法論の改善しかり。その結果として、当然、利益がついてくるという形の振る舞いを、ビジネスにするというシフトです。

「生きている」のではなく「生かされている」存在

ナイーブで、経済をわかってないヤツは、これだから困るという声も聞こえてこないわけではありません。でも、もう少しお付き合いください（笑）。なにしろ「コンシャスネス」のシフトですから、そう簡単ではないかもしれません。でも、結局、このシフトに成功する者が、次世代のビジネスリーダーとなることは、自明の理でもあるのです。

まず、ガイア・コンピタンスという考え方。一言で言うと、私たちは「生きているのではなく、生かされている存在でしかない」という事実、これに気づかなければ、大変なことになる。これは殿方にはちょっと難しい感覚かもしれません。でも実際、女性性の特徴の中には、臍の緒的感覚として、この「自然（じねん）」に自分の身体は生かされているんだ、ということが大いにあるのです。

つまり、ガイアのコンピタンスというのは、「いのち」をいただいたモノたちは、よりよく生きていきなさいね、ということ。たとえて言えば、どんなに悲しみに打ちひしがれて三日三晩泣き暮らしても、4日目にはお腹が空く。なぜか。"生きなさい"これが「いのち」のしつらえだからです。生きているんじゃなくて生かされているよ、生きていくのがミッションなんだよ、ということです。地球全体が、ホメオスタシス、恒常性、生きていくことに、なにがし

かお互い様としての「はたらき」がある、というシステムになっている。この
つながりの事実です。たとえば、水。水と空気と食べるものとエネルギー、こ
の4つがなかったら、私たちはどんなお金持ちでもすぐ死んじゃいます。鼻の
2つの穴と口、この3つの穴をぎゅっと押さえて、中に酸素が行かなくする
と、大体5分ぐらいでさようなら、という状態。林良嗣先生のハーというため
息は、ハァーという私の深呼吸で、活力となって私の中に入ってきています。
だから、この部屋にもし悪巧みの空気が入ってきたとする。それを吸い込め
ば、みんなパタパタ死んでしまいます。

　先ほどお話ししたように、レイチェル・カーソンが『沈黙の春』を出すと
き、ジェームズ・ラブロック博士が友人として、「君の感性（センス・オブ・ワ
ンダー）に引っかかって気になっていることを、僕が、データとして集め、証
明してあげる」と言って、彼女の執筆の後押しをした。この星を包む大気の下
で、「いのち」あるものは皆、呼吸するということで、つながっている。そし
て、それぞれがそれぞれの役に立っているという事柄を、ラブロック博士は科
学的にも証明したわけです。つまり、ホメオスタシスをこのプラネット全体が
持っていると考えたのです。彼は若いころ、NASAのはじめの火星探査計画
のグループのボスになっています。地球という惑星のこの乗り物の限界がきた
ときには、火星に逃げ出さなきゃいけないから、という研究員もいたそうです
けれども、ジェームズは、どうして私たちはこの星の一員に入れてもらえて、
私たちはこれからどうしなければいけないのか、そのアルゴリズムを得るため
に火星から地球を見るという、そういうことをずっと考えていたということを
おっしゃっていました。

成功の目盛は、3次元で測る

　言い方を変えてみましょうか。たとえば20世紀の成功は、もう21世紀の成
功にはならないのです。
　商売はただ儲かればいい、と言っていた時代を経て、「収益性」や「効率性」
という考え方が登場する。ROI（投資収益率）とか効率性、資本効率の最大化
を図らないとダメ。加えて、経済のロジックから、この2軸を結んで面積が大

23

図11　20世紀の成功と、21世紀の新しい価値軸

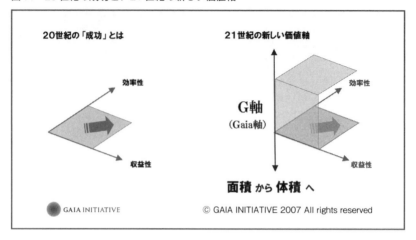

きければ大きいほど会社の経営としてはOKだと言われるようになりました。でも、21世紀は、私はこの面積――2次元で測っていた価値観――に、必ず「いのちの軸」を入れないといけないと思うのです。ですから、面積で測るのではなくて、従業員の「いのち」はもちろん、お客様の「いのち」にもプラスになるような働き方や商品、サービスなどを提供しているか、とか、3次元として「いのちの軸」のチェックを必ず会社経営の中に入れないといけない。2次元チェックから、3次元へのシフトが必要なのではないかというふうに思います。

　図8に戻って、捉え方をどう変えればいいのか。
　「環境vs開発」のvsを取って、私たち自身、どこで生きてるのか。このお星様の上ですね。この図12には葉っぱ――植物しか描いていませんけれども、それこそゴキブリから珊瑚から何から何まで、この地球の上にあるネイチャーの豊かな「いのち」ある生き物たちぜーんぶを乗っけないといけないですね。その仲間に私たちも入れてもらっているという考え方です。私たちの「いのち」は、そうした状況の中で生まれてきているという事実を確認することです。「Without nature, we are not able to live.」だから、ここに対しての謙虚さ、感謝から始めなければならないのです。「地球に優しくしよう」というコ

ピーは大間違いですよね。三洋時代、この表現を禁句にしました（笑）。

生まれたての赤ちゃんが、「ママに優しくしてあげよう！」を標語にするようなものです。ママのオッパイなしでは生きていけない程度の存在でしかないのに、です。だから、ママ、私たちは、ホント生意気でおこがましかったです、赤んぼ人類であるにもかかわらず、本当に「ごめんなさい」、勝手ばかりして、という態度でなければ、次の時代は開けないという気がしているんです。

自分たちに対してのみならず、子どもや、子どものその子どもに対しても。ネイティブアメリカンの文化には「セブン・ジェネレーションズ」という表現があります。セブンスだとあまりに遠くてわからないけど、お孫ちゃんの顔を浮かべればいいと思います。その子たちがきちんとこの星の上で「いのち」をつないでいくことができるか、健康な営みができるかどうか、という視点です。

これまでの日本社会、とりわけ第二次世界大戦後は、図8で言えば、お金印、つまり「環境 vs 開発」で言うところの、ガンガン開発して経済発展を高度に効率よく進めるための、男性中心の男性による社会づくりがメインでした。はい、だから、それはやめて、女性中心の環境社会にいたしましょう！これではダメなのです。

あえて誤解を招くことも承知で、図12のように表現してみましょうか。

右端は陰陽の図です。男性と女性に置き換えてもいいと思います。男子と女子がいます。で、真ん中ぐらいのその両性具有の両方の存在がわかるという方たちも——今の社会ではご苦労も多いと思いますが。この陰陽の思想に、私は学生時代に出会って、キャアと思ったんですが、何が肝だと思われますか。相反する価値が円の中で同居しても、まっすぐ直線で分けていないから、敵対し

図12　相反する価値観の理解とは？

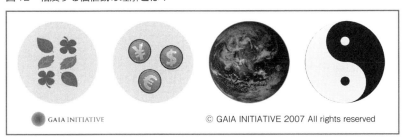

ない。それもあると思うんですが、実は、その相異なる男子と女子のバランスが、一つの円の中でとれているのは、ここ。バランスがとれるための一番の肝は、陰の中の陽、陽の中の陰。それぞれの存在を支えている重心ポイントが、相手の色、つまり自分とは相反する価値観を理解するという力です。

　これは、子産み、子育てを経験させてもらって学習しましたが、母性というか、母親はこの子たちの「いのち」を守るためだったら、自分の「いのち」など欲しくない。最初の子どもなんていうのは、とりわけ病気になって高熱なんか出ようものなら、もう、神様、私に代わらせてください、この子の苦しみを除けるなら、って思いますね。外敵がいようものなら、子どもを守るために、自分の「いのち」など省みず突撃していく男性性っていうんですか、単純さっていうんですか、それが自分の中にみなぎってくるのがわかります。自分一人の中でのバランスとしてもこの陰陽を見る。なよなよしていることだけが女性性ではないわけですね。まあこの点は、イヤというほどわかってまーす、というお顔もお見受けしますが（笑）。

　男性もしかり。強いリーダーシップ、筋骨隆々の力持ち、などなど。その中で、弱いモノ、痛みを持つモノへの理解がきちんとあること。もし、これがない単なるマッチョだとしたら、女性性と陰陽など組めやしないわけです。

　私たち女性は自然（じねん）の懐とシンクロしている性別の生き方をミッションとしてもらっている。平たく言います。男性にはないですけど、女性にはある年齢に達すると、次の「いのち」を育てていくために、生理があります。月の物、と昔は言っていた。文字どおり、お月様の満ち欠けが28日で一巡する。28日とちょっと。このサイクルなんですね。それで、たとえば子どもを妊娠したりすると、夕方になって夕日が落ちていくと、それだけで悲しくなるんです。それから、雨が降ってくるのが大体わかる。洗濯物を取り込まなきゃとかってこともありますけれども（笑）、自然（じねん）のエネルギー変化の周波数を身体が感知する、とでも言うのでしょうか。珊瑚でもそうですよね。珊瑚はカシオの時計を持っていないし、カレンダーもアップルウォッチも持っていない。でも、排卵のタイミングは、目には見えないお月様とのコミュニケーションで。つまり引力を感じる力が備わって「いのち」を生み出しているので、ヒトも自然分娩だと、新月と満月の夜に、一番多く赤ちゃんが生まれ

てくる、と言われています。男性は一瞬の関与ですが、女性は十月十日自分自身のカラダの中で、もう一つの「いのち」を育んでいくのです。かなり重みが違います。キリンや馬や牛さんは、ボワっとママの体から出てきて、しばらくしたら自分の脚で立ちますよね。瞬時に独り立ちです。人間はどうです？寄ってたかっておむつを替えて、おっぱいあげて、ミルクをあげて。これは、集団生活をつくって社会づくりをするために、わざわざ面倒くさいシステムに人類自身で変化してきたからだ、というお話を聞いたことがあります。

　何を申し上げたいかと言うと、環境っていうモノと共生していく方法論を考えましょう、ということじゃない。私たちは、環境そのものの中にある小さき存在でしかない。この事実の再確認を目途にしてもよいほど、その確認こそが、重要なスタートにならなければ始まらない、と思うのです。……「環境共生学会」の名前、そろそろ変えます？（笑）……環境と共生していくために何のデータを集めましょうかというところからでは、もう手遅れな気がするんです。

　つまり私たちが生かされているという状態にもっと謙虚になる。産業革命以降と言ってもいいかもしれない、イケイケドンドンでいい気になって、要素還元論的に「私はこれのプロです、俺はこれのプロです」、さあ、生産性を上げていきましょうという、そのパースペクティブではもう間に合わないと思うんです、解決法は。

　だからどうするかって言うと、まずはコンシャスネスを変えていく。これにはデータ分析、あるいは処方箋はありません。方法論ではなくてマインドの問題だから。で、こういう時代になると怪しく出てくるのが、いろんな形での宗教。スピリチュアルだったり何だったりっていうふうな形で、よくわかんないけど信じてみようかしらっていう、科学的ではないもの。マユツバもん。これには、まず、要注意です。かと言って、すべて数値化できることがサイエンティフィックだということでは、まったくない。サイエンスもまだよちよち歩きですよね。太陽系とは何か、を習ったとき、私の時代は、水金地火木土天海「冥」と、冥王星が惑星に入っていました。太陽を中心に、地球も火星も、おんなじ場所にぐるりと戻って一回転。それを、一年と呼ぶ、と習いました。ところが回転運動ではなく、猛スピードでアンドロメダ方向に驀進する太陽を追

いかけながら、螺旋運動をしているのが太陽系だということがわかってきました。でも、空を見上げれば、宇宙とは何か？　何でできているのか？　とりあえず「ダークマター」「ダークエナジー」と呼ぼうね。わかっているのはまだまだその程度。がんばらなくては。くらいの謙虚な認識も必要だと思いますが、いかがでしょうか（笑）。数値化できるものよりも、できないもののほうに、より人間にとって大事なことが潜んでいるようにも思うのです。

　愛の大きさとか数値化できますか？「もちろん。ダイヤモンドのカラットで測れるんじゃないですか？」なるほど、とも思いましたが（笑）、そうすると、やっぱりお金が中心の価値軸にいきますよね。

　私が三洋電機の会長の時代に、エネループという電池を開発してくれたスタッフがいました。太陽光からも充電できる充電池です。自己放電をまったく抑えることができました。でも地球にはエネループは入っていないんですよね。どうして回ってるの、で、どこに向かっているの？　自転が時速およそ1800kmで、公転速度が8万km弱。8万kmですよ、時速が。で、回転の中心の太陽は時速10万km以上でアンドロメダに向かってガンガン進んでる……。

　宇宙は常に変化し続けている大激変のエネルギー体だという理解をしてしまえば「何でもあり」の達観も許されてしまうのかもしれません。でも、過去の否定も反省も、いい悪いではなく、未来に向けて、どんなふうに、何を変えていけばよいのか、いきたいのか。そして、自分にできるのは、やりたいのは、何なのか、を、もう一度謙虚に考えてみる、ことが大切だと思います。

世界の3つの危機

　世界にはたくさんの危機がありますが、ここでは3つに着目してみましょう。まず、生態系の危機があります。もう一つは経済の危機。もう一つ、社会の危機もあちこちで叫ばれています。でも、図13をご覧いただけばわかるように、それぞれが複雑に絡み合っているので、個々の問題を解決するためにも、単独のアプローチでは、アルゴリズムにたどり着くことなどできない。格差貧困に対処しようとすれば、その問題の根幹にある、景気問題のみならず、

図13　世界の３つの危機

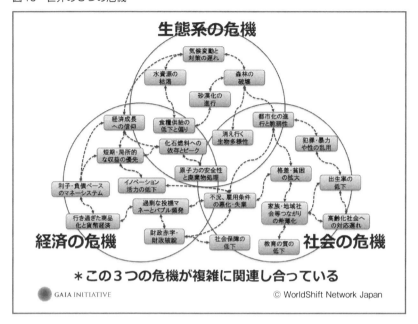

都市化という社会構造にまで手を入れていかないとダメ、というように。でも、実は、この問題提起は、今に始まったことじゃなかった。1970年代には、「このままいったらヤバイぞ、地球」っていうのが、我田引水となりますが、ローマクラブから『成長の限界』として出版されていました。

　大きな５つのポイントを挙げていました（図14）。全部、そうだね、やっぱりそのままになっちゃったよね、というわけです。言ってたとおりだね。「環境の悪化」というのも入ってます。ただ、環境、Environmentalは自分の外にある自然界のこと。西洋的ですよね。ブラックフォレストに対峙して、Cultivateして森を開いていく、すなわちCultivate、耕して耕していくという行為が、カルチャー＝文明を創っていくという振る舞いだという捉え方。これ一つとっても、私たち東洋的な感覚とは異なっています。私たち日本人はブラックだろうが、急峻な山岳森林だろうが、その森の中へとスッと入っていって、ぐるり見渡して、いやぁすごいね怖いね、ものすごいねって言いながら、

図14 『成長の限界』

　そこに人間をはるかに超えた存在としての「神」を感じて「鎮守の森」として、崇め敬い盆踊りを踊っちゃう。それで、八百万の神、ああ、木にありがとう、岩にありがとう、と。この、国家神道ではなくて、古神道にも近い形の自然（じねん）との皮膚感覚っていうのは、とても東洋的で、自分の外側に「征服」していく対象として自然環境を見ない。代わりに「じねん」と呼び、自分も含めて全体の中に「いのち」を感じる力が生きているのだと思います。
　そこで、自分の中に環境問題を見るということで、アーヴィン・ラズロ博士（図15）はローマクラブの『成長の限界』のレポート作成にも携わった方ですが、ブダペストクラブというのをたち上げて、2009年にロンドンで世界賢人会議を開きました。
　彼が、もうそろそろ真剣にワールドをシフトしましょうよ、と、間にスペースを入れないで「WorldShift」という造語を創り、提唱し始めました。それで、日本ブランチもたち上げてよねっていうことで、私も世界賢人会議の名誉会員になっているんですけれども、日本支部をつくりました。電通のある素晴らしいデザイナーがアイコンをつくってくれました。世界を変えるために、あなたは何を何に変えますかという図です。2012年に『WorldShift』という本を出して、副題は「Our Chance to Change」。この危機こそがシフトへのチャンスだというので、ちょっとだけ自慢させていただくと、まえがきはディーパッ

図15 アーヴィン・ラズロ博士

図16 WorldShift

ク・チョプラとゴルバチョフさんが書いて、あとがきは私が書かせていただきました。

　実は、三洋電機での数年間が、ラズロ博士との出会いのきっかけでした。3年間の社外取締役のあと会長になったのですが、当時は本当に、世界一の素晴らしい技術を山盛り持つ会社でした。たとえば、太陽光発電。変換効率で言えば、その当時（15〜16年前）で23％（実験室レベル）です。こんなのあり得な

い。私はジャーナリスト出身なので、現場を見ないと信じないタイプ。社外取締役時代から、さまざまなモノづくりの現場を歩くのが大好きでしたが、会長になってからも、たくさんの現場を歩いては嬉しい悲鳴。ものすごいテクノロジーがゴロゴロあるわけです。半導体の廃水はきれいにしないと工場から出せない。だから、廃水のためにも、ものすごく優秀な技術者が努力している。でも、門外漢の私は、そのメカニズムを、家庭の洗濯機に応用したらどうなるの？と思うわけですよ。で、現場は「えっ、何それ!?」とか思いながら、結局、ほとんど水を使わない洗濯機を創り上げてくれちゃう……みたいなことでしたね。つまり、それまで330リットル以上の水を使っていたのが、8リットルでお洋服が洗える、ぬいぐるみも、革靴も空気で洗えて、除菌脱臭も可、みたいなことを次々と実現していくわけですよ。当時は1本につき1000回でしたが、今や2000回、もちろん太陽光からも充電できる単三充電池とか。

　私が優秀なのではなくて、素晴らしい技術者の方たちが本当にたくさんいた会社だったということです。それぞれの分野でのプロと、ヴィジョンを創って共有する。「何のための、技術開発か！」議論や研究を進めていく。いわゆる「Think Gaia」商品、TG商品、と呼んでいましたが、10を超える素晴らしい商品群が生まれていきました。世界中で、その商品そのもののデザインや、経営の考え方のデザインが評価され、いくつもの賞を頂戴したのも、いい思い出です。ただ、まだリーマンショックの起こる前でしたから、お金こそ地球上で一番強くて正義で万能、と考える、国境を越える金融資本の考え方とは異なることなどから（今では信じられないと思われるでしょうが）、環境問題解決なんていうくだらないことより、四半期ベースの株価を1円でも高くするのが経営者のミッションだ……に始まる哲学とぶつかることもたびたび。日本の新聞はほとんど金融機関の回覧板とも呼ばれていましたから、金融機関がお気に召さない記事はほとんど載りません。それどころか、面白おかしく好き放題書いてくださる向きもありました（笑）。今では笑い話みたいなことですが。

　ところが当時から、そうした環境問題に対処できる商品開発ができた、というのは、すごいことだ、と、海外ではフィナンシャル・タイムズとか、ニューヨーク・タイムズとかが取材に来てくれていたんです。「こんなの作った大ばか者って誰よ」（笑）ということなのでしょうね。それをラズロさんがご存知

図17 何から何へとシフトするか？

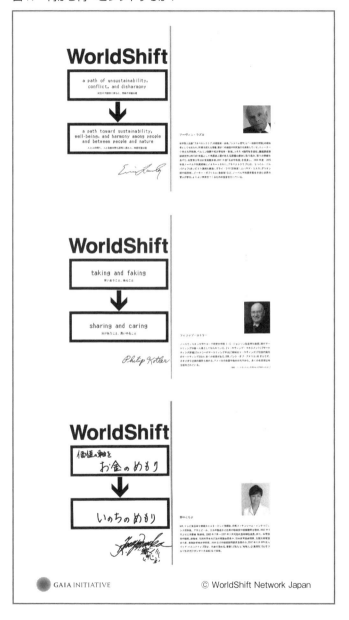

でいてくださって、日本にいらしたときに是非会いたい、と。私はただ、経営のトップとしてG軸を創り、先端技術を持つモノづくりのプロと開発の方向性を整えた。つまりミッションとヴィジョンを明確にして、商品開発のための投資意思決定のスピードを上げた。その事実が素晴らしいという評価をいただきました。

図17は『WorldShift』の日本語の翻訳版を出したときに、本の冒頭でラズロさんやフィリップ・コトラーが書いてくれたものです。私は、人生を判断するときの価値軸の目盛を、「お金のめもり」から「いのちのめもり」というふうに書きました。

最後に、コンセプチュアルのみに終わらないこと。言い換えれば、「頭でっかちな理論はわかるが、机上の空論でしょう？」という問いかけに対し、しっかりと地に足がついた実現性のある答えが伴うこと、を常にチェックすることが大事だと考えているのですが、その例をご紹介させていただいて終わりにさせていただきたいと思います。

もうご存知の方もいらっしゃると思いますが、OTEC：Ocean Thermal Energy Conversion、これは世界で2つ、ハワイと沖縄の久米島で動いていますが、私が関わっているのは、久米島で深層水を汲み上げて、温度差から電気を起こすというものです（図18）。赤道のベルト地帯ぐらいだと完全にできるな、ということで、FS（Feasibility Study）実証実験としてかなり以前に造られた施設でしたが、その予算を消化してしまえば終了という存在でもありました。ハワイ大学のイースト・ウエスト・センターにいたときに、両施設の関係を知り、日本サイドの久米島とのご縁が生まれました。日本太陽光発電協会会長というのもやりましたけれど、日本政府のエネルギー政策そのもののベクトルをシフトしていくことへの抵抗力の強さは半端ではない。笑っている場合ではないのですが、もう笑うしかない、と脱力するほどのガンバン力。Fukushimaというウェイクアップコールを経ても、100%に近いエネルギーを海外に頼らざるを得ない、という非常に脆弱な現状を変えて、オイルにもウランにも依存しないで生きていける国にしよう、というリーダーシップは生まれませんでした。残念ながら。

国や県といったレベルでの闘いよりも、では、小さな成功例をコミュニティ

図18 久米島の OTEC プラント

図19 「いのち輝く島」久米島 vision（by2030）

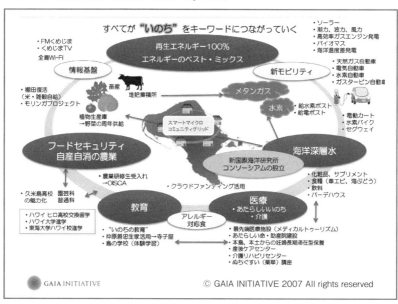

メンバーの力で実現していくことのほうが、逆に早道かもしれない、と。

　それで、久米島に特化して、久米島の未来を「いのち輝く島」とするプランを立てました（図19）。2030年に向けてということで、総合計画の策定という、島のコンペに応募し、ガイア・イニシアティブが出した、再生可能エネルギーと、フードセキュリティ、アレルギー対応食、教育、海洋深層水、医療といった、すべてを「いのち」が喜んでくれる価値軸を中心にした総合計画を策定して採用されました。幼稚園児を育てているスタッフが島に定住し、全島住民調査から始めて、島民自身が自律的に具体策を編み上げていく、というワークショップをつくるなど、プロセスづくりが実行に結びついていくような工夫も取り入れました。情報基盤として、フリー Wi-Fi を全島に巡らせる計画づくりなど、すでに新取の気質のある島でしたから、スピード感には若干の違和感があるにしても（笑）、統合していくことを重要視しながら、着実に島民主体の流れが生まれています。

　中央政府からの助成金頼み、という戦後の地方自治体の運営方法からの脱却にも抵抗があるのは事実ですが、しっかりとした羅針盤と方向性を示すことができれば、たとえば、クラウドファンディングや、ふるさと納税の活用など、昔は考えられもしなかった方法もあるわけで、ここらへんにも、日本の再生のヒントはたくさん存在しているな、というのが、私の実感です。小さいこと、身近な自分事に気づき、行動していけば、まだまだこの国の未来は可能性に満ちている。大袈裟ですが、あくまで楽観エネルギー体でありたいと思う、野中の実感です。

おわりに

　私から一つお願いがあります。今、データ分析について、とても面白いと思っているところなんです。これまでは、専門分野が細かく分かれ、それぞれの専門家がいた。でも、これからはビッグデータの時代になります。これまでのメガバイトから、もうペタバイトになっている。もはやメガの10億倍。私の身長は1m60cmですけど、さっき計算してみたら、もし1mがメガバイトだとすると、その10億倍のペタバイトというのは、月に行って、月からもう

一回戻ってきて、あと 0.6 回行けるっていう、それぐらいの距離なんですね。つまり、人のサイズから宇宙のサイズになってきているわけです。そうなったときに、構造化データのデータ分析から、非構造型——音声が入るし、映像も入るし、しかも数値化できないものまで含めて——というところにまでなると、私はこの学会の方たちの専門領域に入ってくると思うんです。データを入れて、ハイポセティカル（仮説的）なもので理論的にアプローチしてきたことのみならず、その入れ方そのものへの気づきがあったら、まったく新しいパラダイムで貢献できるようなものを創り出すことも可能な気がするんです。

　公害先進国・課題先進国と言われた中で、20 年前にこの学会をたち上げてくださった皆さま方の英知をもってすれば、「我々だからこそ地球号のためにできる」という一つの体系的な G 軸を、面白がって楽しんでつくってくださるのではないかというふうに思っているのです。かつてローマクラブがやってきたようなコンピュータ・シミュレーショは、もうすでに化石のような感じがしてきます。これからは、何のために私たちは生きているのか、生かされているのか。何のために自分の専門分野があって、自分以外の専門分野とくっついて、何をどうやって、起こしていくべきなのか、を「ガイア」の視点から、是非、真剣にご議論いただきたいと思うのです。陰陽バランスではありませんが、アカデミアの分野からも、是非リーダーシップをとっていただきたい、というお願いをして最後にしたいと思います。

第2部

パネルディスカッション
四日市：公害克服からコンビナート夜景観光まで

四日市公害とは、何だったのか？　白砂青松の四日市の海岸部には、1960年代以降、次々と石油化学コンビナートが建設され、海岸線は工場が建ち並んだ。激しい大気汚染に見舞われ喘息患者が多く出、四日市周辺の海の水質は大幅に悪化。そして、72年の判決。企業が活動する土俵のルールを変更することにより、企業行動が180度転換された。四日市の公害がもたらした困難とその克服の歴史を、経済、市民、石油化学企業、行政という、利害相反する立場でもあったそれぞれの当事者が振り返り、コンビナートの夜景が観光資源となるまでに変貌を遂げた今日の様子を報告、このような四日市の環境の歴史とその意義は何だったのかを語り合う。

コーディネータ
朴　恵淑　三重大学人文学部・地域イノベーション学研究科教授

パネリスト
種橋潤治　四日市商工会議所会頭／三重銀行会長（環境と経済界の役割）

馬路人美　塩浜小学校卒業生／四日市海洋少年団OG・元カッター選手（四日市港の海で育って）

鶴巻良輔　元昭和シェル石油社長［公害裁判当時、昭和四日市石油工務部長、判決後は製造管理部長］（四日市公害裁判の被告側の立場から）

岡田昌彰　近畿大学理工学部社会環境工学科教授（四日市の産業景観と工場夜景）

森　智広　四日市市長（環境改善と産業発展が両立したまちづくり）

第1章

環境と経済界の役割

種橋潤治（四日市商工会議所会頭／三重銀行会長）

　私からは、四日市が石油化学工業を基幹産業としつつ、どのように発展して、公害を克服して再発展しつつあるか、すなわち、四日市の歩みと目指すべき姿についてお話し申し上げたいと思います。まず、三重県経済の概要について簡単にご説明します。

1．三重県経済の概要について

　まず、図1の三重県のデータですが、人口や事業所数などの、基礎的指標につきましては、全体のウエートは1.5％程度、全国順位は大体20位の前半とい

図1　三重県の基本データ

> 人口、事業所数等の基礎的指標において、三重県のウエートは1.5％程度
> 製造品出荷額等のウエートは3.3％と、他の指標と比べて高水準

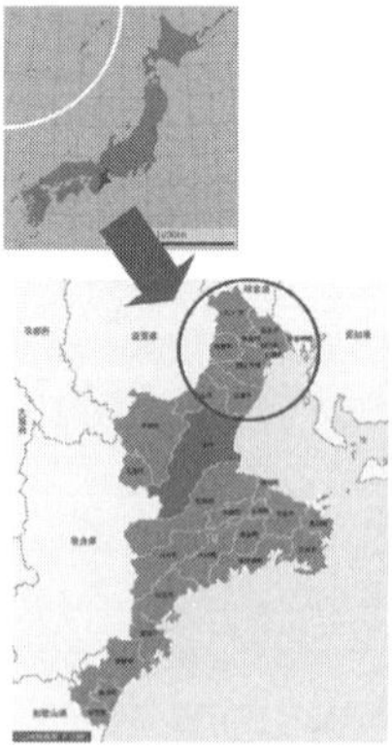

	全国	三重県		統計名年次
総面積（km²）	377,971		5,774	国勢調査
構成比（%）	−	25位	1.5	2015年
人口（千人）	127,095		1,816	国勢調査
構成比（%）	−	22位	1.4	2015年
就業者数（千人）	58,919		873	国勢調査
構成比（%）	−	22位	1.4	2015年
民営事業所（千ヶ所）	5,542		80	経済センサス（活動調査）
構成比（%）	−	22位	1.4	2016年
名目域内総生産（億円）	5,142,963		76,564	県民経済計算
構成比（%）	−	19位	1.5	2014年度
小売業販売額（億円）	1,380,156		19,126	経済センサス（活動調査）
構成比（%）	−	22位	1.4	2014年
製造品出荷額等（億円）	2,999,173		98,768	工業統計調査
構成比（%）	−	9位	3.3	2016年

図2 三重県の産業構造

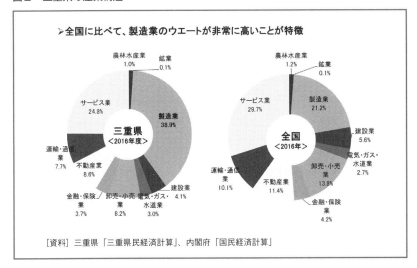

図3 三重県製造業の変遷（各業種の出荷額シェア）

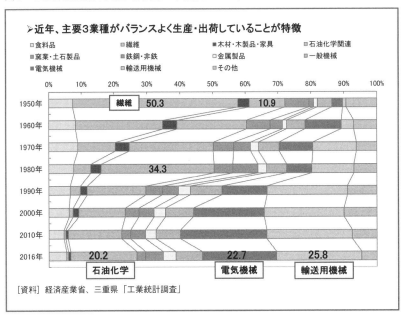

うところになります。しかし、この中で製造品出荷額等の比率だけは、全体でのウエートが3.3％、全国順位は9位ということになっていまして、他の指標に比べて高くなっています。

　次に産業構造を見てみますと、一目でわかりますように、製造業のウエートが全国平均に比べると非常に高いということが特徴です。製造業は、三重県全体で見てもこのような状況ですけれども、この三重県の北勢地方を見ると、もっとウエートが高くなるというのが現状です（図2）。

　製造業の業種別構成比の変遷（図3）を見ていただくとよくわかるのですが、以前は繊維業というのは、三重県の産業全体に占めるウエートが非常に高かったわけであります。そののちに、ここに出てきます石油化学というのが、高度成長時代からウエートが高まってきました。一方でそのあと、電気機械のウエート、そして輸送用機械のウエートというのが高まってまいりまして、今現在は石油化学、電気機械、輸送用機械と、この3つの業種の製造出荷がバランスよくとられているという産業構造になってるわけです。

　図4の写真は四日市のコンビナートの全景です。コンビナートは四日市の海

図4　四日市の石油化学工場

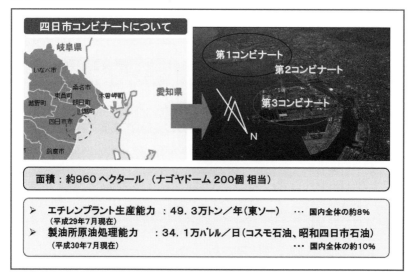

岸部にありますけれども、第1コンビナート、第2コンビナート、第3コンビナート、というような形です。面積は約960ヘクタール、そして、エチレンプラントの生産能力は日本全体の8％、製油所の原油処理能力が日本全体の約10％となっています。これが三重県四日市の状況です。

2．四日市の歩みと目指すべき姿

(1) 産業面における四日市の強み

　それでは、本題の四日市の歩みと目指すべき姿についてお話を申し上げます。四日市は自然、とくに水に恵まれた土地でして、現在も豊富な地下水を活用して、良質な水が快適で潤いのある生活を支えているという状況です。また、木曽川水系等を水源とした工業用水により、企業の生産活動に対して、水の安定供給ができるなど、質、量ともに水に恵まれた都市であります。一方、経済活動面では、これまで製造業を中心に多様な産業集積が進んでおりまして、とくに臨海部におきましては、環境の変化に柔軟に対応しつつ、質的転換を成し遂げてまいりました。また、四日市公害を契機として、企業と行政が協力して、操業持続と環境改善を両立したまちづくりに取り組んできた実績もあります。

　四日市は明治32（1899）年に開港場として指定された四日市港を中心に発展した町です。戦後は、羊毛の輸入が大幅に伸びる一方で、石油化学コンビナートの立地に伴って、典型的な工業港へと発展してまいりました。現在は原油のほか、綿花、穀物の主要な輸入基地であり、自動車、石油化学製品などの輸出基地として、さらに、コンテナ航路を持つ港として、背後地の時代環境の変化に柔軟に対応して発展してまいりました。産業面における四日市の強みは、石油化学コンビナートでさまざまな課題解決を図るとともに、内陸部の半導体企業等とも連携して高度部材供給拠点として、少量多品種、高付加価値化といった質的転換を遂げてきたことにあります。さらに、R&D（研究開発）機能と、実証工場を兼ね備えたマザー機能の集積も進んでいるなど、ものづくり産業を取り巻く環境変化に柔軟に対応して、強固な産業集積を図ってまいりました。加えて、商業・サービス業も発展してきております。土鍋で有名な萬古焼など、伝統産業も多く存在しています。

(2) 行政による環境規制と企業の環境改善活動

　こうした発展の歴史の中で、行政による環境規制と、企業の公害防止行動がとられてきたわけであります。産業発展とともに発生した四日市公害を契機に、喘息の主な原因と考えられました硫黄酸化物の排出総量を規制いたしました。全国で初めての総量規制の導入をはじめ、硫黄酸化物を煙から取り除くための排煙脱硫装置、そして、霞ヶ浦地区に整備いたしました第3コンビナートにおける「出島方式」のスタイルをとる対応に先進的に取り組んでまいりました。さらに、四日市地域公害防止計画における投資額は、昭和46（1971）年度から平成22（2010）年度まで、8期にわたりまして、官民併せて9837億円となりまして、行政は公共下水道や緑地などのインフラ整備、環境監視、測定、指導を実施し、企業は脱硫装置などの公害防止機器の開発導入を行い、各種公害防止施策が実施されました。こうした環境改善の取り組みや、臨海部工業地帯の再生などは企業と行政の強いパートナーシップで行われており、さまざまな業種の企業と行政が官民一体となりまして、地域の課題の抽出やその解決に向けた取り組みを実施していく風土が根付いています。

　このように操業持続と環境改善に取り組んできた結果、現在では四日市の環境は大きく改善されています。その象徴として挙げられますのが、工場夜景の

図5　よっかいち工場夜景マップ

［出所］四日市観光協会

図6　四日市の工場夜景

［出所］右上／(株)第一観光「四日市コンビナート夜景クルーズ 2018」パンフレット、
　　　　他3点は四日市観光協会

聖地となっています四日市コンビナートです。図5は四日市の工場夜景のマップです。

　市内6ヶ所くらいから、工場の夜景をそれぞれ違った姿で見ることができ、これは観光産業の発展と地域振興に寄与しているということの証です。また、平成22（2010）年に始まりました四日市コンビナートの夜景クルーズですけれども、これは四日市港を出て、工場のある海岸沿いにクルージングをしながら工場夜景を見ていただくというものです。今年（2018年）で9年目を迎えたわけですが、7月には乗船者の方々が累計で3万人を超えました。図6の写真は、さまざまな形で見ていただける四日市の工場夜景です。

　こういった観光資源として工場が成り立っており、操業を続けています。これはやはり、環境がよくなっているという面を持つからこそ、夜景クルーズ、あるいは夜景観光というのが成り立つと思っています。四日市公害を契機に

培ってまいりました環境改善の知識・技術や臨海部の高付加価値型産業への転換の歩み、あるいは研究開発機能の集積などの積み重ねには、行政と企業のパートナーシップによる仕組みが蓄積されています。こうした蓄積は、新興工業国に対して四日市市が提供できる貴重なノウハウでして、ICETT（国際環境技術移転センター）が行う環境保全技術の移転等とともに、アジアの国々の健全な工業化を支援して、友好関係を強化していくうえでの強みになるというふうに考えています。

(3) 四日市の目指すべき産業都市の姿

図７が四日市の目指すべき産業都市像です。先端産業を常に成長させてきた地域風土を継承するとともに、利便性の高い交通インフラやエネルギー拠点としての立地環境を活かして、企業のニーズに応じた操業環境整備が充実した都市を創造するというのが目的です。これによって、一つは、産業の高度化やR&D 機能と実証工場を兼ね備えたマザー機能化が進み、日本の産業界をリー

図７　目指すべき姿

・産業界を取り巻く状況を地域活性化の絶好の機会に

・目指すべき産業都市の姿～日本の産業界をリードする「アジア随一のクオリティ産業都市」～

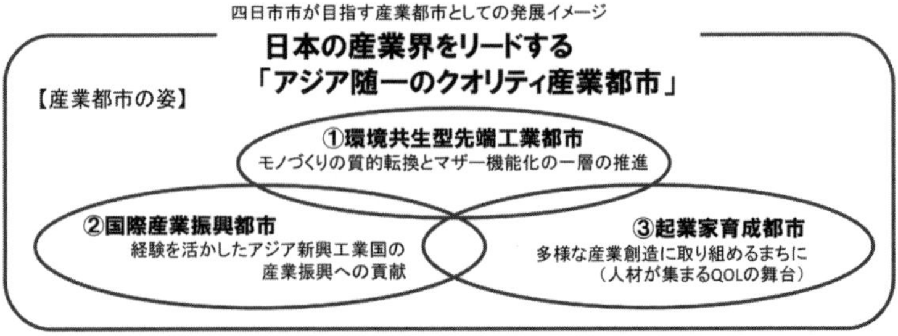

［資料］四日市市産業活性化戦略会議（2014 年３月）

ドしていくイノベーションを先導していくこと、そしてもう一つは、多様な業種の集積によって、環境技術等の連携を促すとともに、ものづくり産業と関連性の高い都市型産業の誘発など、新たな産業活力の創出を図り、①環境共生型先端工業都市、②国際産業振興都市、③起業家育成都市としての機能を持った日本の産業界をリードする「アジア随一のクオリティ産業都市」を目指していくことが重要だと考えています。

第2章

四日市港の海で育って

馬路人美（塩浜小学校卒業生／四日市海洋少年団 OG・元カッター選手）

1．昭和 40 年代の小学校生活

　私は、生まれてから結婚するまで四日市市塩浜の住民でした。塩浜小学校には、昭和 41 (1966) 年から昭和 46 (1971) 年まで在籍しておりました。空気の一番きれいじゃなかったときに塩浜小学校に通っておりました。そのことを話してもらいたいということで林先生からご依頼がありまして、今からもう 50 年ぐらい前の話になるのですが、一市民として自分が育ってきたことを思い起こしてお話ししたいと思います。

　ともかく空気はとても臭かった記憶があります。登校のとき、コンビナートのほうの空はちょっとどんよりしていたような記憶があるんです。私も小学校のときに、活性炭入りの黄色い「健康マスク」という名称だったのですが、学校から配られまして、空気の臭いときはそれをはめて登校するっていうふうになっていました。その当時のマスクは、もうとうになくなっておりますが、着けていると直接匂いを感じないということでした。

　私は、塩浜といっても、コンビナートの夜景が見えるところの向かい側の磯津のほうに住んでおりまして、自宅から 1.5km ぐらいあった学校に歩いて通っておりました。鈴鹿川の橋を渡りながら、コンビナートを眺めながら、塩浜小学校を目指して登下校しておりました。大きくなってからも、やはりよその地から塩浜のほうへ帰ってくると、より臭いのが印象的なんですね。毎日暮らしてると、住めば都といって、あんまり空気の臭さは感じないんですが、やはり、同級生の中にかなりの数、喘息持ちの友達がいました。それで、塩浜地区に住んでいてはもうもたないということで、鈴鹿山脈のふもとの、菰野のほうに越して行ってしまった同級生が何人かおりました。私はまあ丈夫だったんだ

48　第2部　四日市：公害克服からコンビナート夜景観光まで

と思いますけど、全然喘息にもかからず、ずっと過ごしてきました。

　学校のお話をしたいと思います。塩浜小学校は、健康優良校として、各地の学校からたくさん見学者がいつも来てまして、うっとうしいなと子どもながら思っていたんですが。学校でちょっと変わったことと言えば、1日6回のホウ酸でのうがい、休憩ごとにうがいをしてたんです。それから、朝、授業の前に乾布摩擦と言って、上半身服を脱ぎまして、タオルで腕から体から擦る、音楽に合わせて乾布摩擦を6年間やっておりました。子どもながらに、あんまり好きとは言えない状態でした。まあ、今考えるとそれのおかげで健康だったのかもしれません。

2．身近な公害体験

　それから、公害に関してですが、喘息の子の公害裁判が起こったときに、原告となる9名の方が立ち上がられまして、その中の1名が私の同級生の保護者の方で、お母さんを喘息で亡くされまして、私の同級生が遺影を持ってお父さんと一緒に裁判に立ち向かうというのを身近に見て、いつもつくづく、ああ公害は、空気の悪さは命まで脅かしてしまう、ということを、子どもながらに思っていました。

　私が小学校に入ったとき、塩浜小学校の校歌は、工場のおかげで発展していったという内容なんですが、「科学の誇る工場は」、「平和を守る日本の」という言葉が、校歌の中に歌い込んであったんです、塩浜小学校は。裁判が起こった後、それではちょっとまずいということで、私が卒業したあと聞いたんですが、校歌が変えられたそうです。その「科学の誇る……」というところがカットされまして、「南の国から北の国、この港が発展していった」というような内容に変わったそうです。残念ながら私の頭の中には、「科学の誇る工場は」という校歌のほうが染みついておりまして、ふと口ずさむとそちらの校歌のほうが出てしまうという感じで、同級生と同窓会をすると、こっちの歌だったよねっていう話になるんですが。塩浜小学校も何年か前に三浜小学校と合併になりまして、今とても素晴らしい校舎になって、いつも遠くから眺めています。

3．小学校時代の海と今の海

　小学校時代に私は、海洋少年団に入っていました。海に親しむ活動で体を鍛えてということで、海に出て、ちっちゃい"カッターボート"と言って、商船大学なんかがよく漕いでいる手漕ぎボートなんですけど、それをやってました。やはり海は、お世辞でもきれいとは言えない状態で。魚もあまりいい匂いはしなかったと思います。小学校では、海に出たらいけないと言われてたんですね。海があまりきれいじゃないもんですから、海で遊ぶのは禁止ってなっていまして。今は、ふと磯津の海岸に行ってみたんですが、とてもきれいな海になりました。けど昔は、海に行ったらいけないよっていうことで、学校の校則で海では遊ばないって決まっていたような記憶があります。

　もう今は昔のとても汚かった海と、ちょっと濁っていた空は想像できないほどに、塩浜地区はとてもきれいになりました。やはり、これもあの訴訟が起こったことと、工場の方の努力のおかげだと思っております。

第3章

四日市公害裁判の被告側の立場から

鶴巻良輔（元昭和シェル石油社長）

　私は被告企業の一つ、昭和四日市石油の社員であった鶴巻と申します。
　公害裁判当時は工務部長でしたが、判決後は製造管理部長を命ぜられ環境問題や原告側との関係改善に取り組みました。
　その後は親会社の昭和シェル石油に転勤となり、最後に社長を務めました。

1．裁判の経緯と私の心の変化

　図1が最近の塩浜地区の様子です。内部川（鈴鹿川の支流）の上部一帯が塩浜地区で、ここにうちの会社があります。被告6社というのは、石原産業、中

図1　塩浜地区概観（写真）

［資料協力］昭和四日市石油 四日市製油所

図2　塩浜地区概観（地図）

資料：「四日市公害10年の歴史」

[出所] 国際環境技術移転研究センター編（1992）「四日市公害・環境改善の歩み」p.14

部電力、それからうちの会社がありまして、残りは全部三菱、今の三菱化学です。当時は三菱が分かれておりましたので、合計6社になります。

　それから、図2が当時のことがはっきりわかる地図になっておりますけども、実線で囲まれているところが、被告6社がある場所です。磯津という、原告がおられたところが地図下の鈴鹿川の河口、それから、非常にご迷惑をおか

図3　被告会社の一人、私の思いの動きと変化

◇**判決を聞いた直後からしばらくの間**
判決は間違っている。したがって6社は上告すべきである。
6社は判決で言う「不法行為」は行っていない。

一夜にして世の雰囲気は激変し、政府も激変し始めた。
判決を支持し始めた。

◇**判決の年の10月ごろ**
会社が原告側に「動かさないと誓約した、脱硫を深める新装置」は
早く動かさなくてはならない。

◇**それから何年かの時間を置いて**
今は被害を受けられた方々に、「本当に申し訳ございません」。
本判決は素晴らしい判決であった。日本を公害から救っていただいた。

被告の一社として、環境、安全の大切さは、<u>企業の五臓六腑</u>に染み込み
ました。赤信号は「皆で渡ってはならない」。

けたしたところは町全体に広がっております。

　被告会社の一人としてお話しします。私も年をとりましたけれども、図3に記した「私の思いの動きと変化」というのは、長い間かかってよーく考えてみたらこうだった、ということでございます。すでにこの考えは、十数年前に名古屋大学大学院でシンポジウムがありまして、林先生がおいでになったんですけれども、そのときに呼び出されまして、その席上で、「今思いますと、四日市の判決は名判決でした」と、はっきり申し上げております。

　当時はですね、私はまったく裁判とか公害とかっていうのと関係のない、工務部長、すなわち、石油の装置を作ったり修理したりという仕事をやっておりました。そのときは外国に出張していたのですが、裁判に負けた途端に会社に呼び戻されまして、帰ってきたら、「製造管理部長を命ずる。仕事は新装置を稼働するために原告側と折衝すること」と言われたのです。「とんでもない、なぜ上告しないんですか、我々は間違っておりません」と、こう言ったんです。なぜ間違っていないと私どもが思ったかと言いますと、我々それぞれの被告一社一社は何も間違ったことをやってない、正しい水、正しい排ガス、そういうものを規制値内で出し続けていたんですね。だから我々は上告すれば勝てると、こう実は思ったんです。

第3章　四日市公害裁判の被告側の立場から　　*53*

しかしながら、私が帰ってきて、一夜にして世の中の雰囲気は激変し、政府も激変しました。それで、どうも世の中おかしい、と思ったんです。

2．新装置の稼働

　ここで、会社から指示された新装置とは、判決の2年くらい前からその建設工事を始めて、判決のころ、ほぼ完成に近い状態になっていた大きな新プラントでした。この新装置は、製品燃料の硫黄化合物の含有量を大きく減らし、また、製油所の総生産量も増加させるためのものでした。ところが、敗訴の結果、原告側に、「新装置の稼働については原告側の了解を得ること」という念書を取られておりました。

　せっかくの硫黄を減らし公害を減ずる方向の新装置が、簡単には動かせない状況になっていたのです。

　私への会社からの指示は、動かしてはならない約束の新装置について原告側に説明して、「動かすことが環境のためにもよいことへのご理解をいただき、運転を開始すること」でした。

　それで私どもは、原告団、県知事さん、市長さん、地域の自治会、弁護団、それから当時非常に大きな勢力を持っておられた総評（日本労働組合総評議会）、この全部にお願いにお願いを続けたんですけど、なかなか許してもらえない。それで、二度も三度も当時の田中覚知事にお願いにあがりましたら、「それじゃあひとつ、私も頼んでみよう」ということで、磯津の集会というのがありました。そこで知事さんが、「まあ、せっかく生まれた子ども（新装置のこと）だから、なんとかひとつ許可してやってくれ」と、こういう話が出ました。それから、私どもも駆け回りました。なんとかしてこれを動かさんといかん、ということでお願いや努力を続けました。ついに、まず総評からご理解をいただき、次第に原告側すべての方々に「新装置稼働の必要性」のご理解をいただくことができました。

3．日本を以降の公害から救った名判決

　名古屋大学のシンポジウムのころから私は思っていたんですが、「今は被害を受けられた方々に本当に申し訳ない、本当にすみませんでした」と申し上げました。

　「本判決は素晴らしい判決であった」と、そう思います。なぜかと言うと、米本清裁判長は、私どもの疑問を解いて、確かに一社一社は悪くないけれども、併せたら悪かったんだと、こう言われたんです。それが要するに民法で言うところの「不法行為」に相当する、ということは、だんだん私も法律というのを読みまして、よくわかってきました。それで、本判決は、日本を以降の公害から救ってくださった、そういう素晴らしい判決だったと思います。

　私がどうしてもここで言わなければならない方のお名前でございますけれども、まず、三重大学医学部の吉田克己先生。この先生が非常に統計学・疫学を駆使されまして原因を立証してくださいました。その後、何回も吉田先生にお会いしましたけれども、「いやーいろいろ大変だったんだ」と言っておられました。この先生にはその後もお会いいたしましたけれども、まあ素晴らしい方だったな、と思い続けております。それから、田中覚知事さん、この方にも本当にお世話になりまして、よくあそこまでやっていただいたな、と思っております。

　こういう方々のおかげで今日に至っているな、と思っております。公害問題を克服して、環境の問題に我々は突き進んできたんですけれども、それのもとは誰かと言いますと、やはり告訴してくださった方々が最大の恩人じゃないかと、最近思うようになっております。原告を指導していただいた、自治労（全日本自治団体労働組合）の方、前川先生とおっしゃったかな、この方とは私もだいぶ議論したんですけれども、昨年亡くなられたそうです。そのうちにお参りでもせんといかんかなと思うぐらい、大変お世話になった方でございます。

　被告の会社の一人として今思っておりますことは、私の心の変化ですけれども、環境安全の大切さは企業の五臓六腑に染み込みました。「みんなで渡れば怖くない」という言葉がありますけど、赤信号はみんなで渡ってはいけない、私はそう思います。

第3章　四日市公害裁判の被告側の立場から　　55

第4章

四日市の産業景観(テクノスケープ)と工場夜景

岡田昌彰(近畿大学理工学部社会環境工学科教授)

1.四日市と産業景観

　近畿大学の岡田と申します。景観工学と土木史を専門としております。工場の景観——「テクノスケープ」と私は呼んでおりますけれども——が主な研究テーマです。産業景観、土木構造物の景観、そういった人工的な景観を主に研究対象としております。四日市はそういう意味では大変魅力的なフィールドです。かれこれ15年ほど、四日市に訪れながら景観調査などもしております。

(1) 工業都市として発展した四日市
　今は四日市における第二次産業の中心地として戦後発展した臨海工業地帯が主にクローズアップされますけれども、実はそれ以前から四日市は工業都市と

写真1　亀山製糸室山工場

写真2　四日市市大正橋付近

して発展を遂げていました。たとえば製糸業ですとか、あるいは繊維業などが発達していました。その遺構や現役操業中の歴史的工場が産業遺産として市内各所に点在しています。そういった土台の上に現代の大工業都市四日市ができていくという歴史があるわけです。

　戦前の海軍工廠の跡地にこのような臨海工業地帯が形成されます。戦後には公害問題も起きてしまった。その後、企業や市民の方々の多大なる努力、血のにじむような努力があって、現在は人が普通に生活できる環境が取り戻されました。

(2) 産業景観の再発見

　このような産業景観は、今でも存在し続けています。公害問題が顕在化していた時代には当然ながら「大気汚染の象徴」などのレッテルを貼られます。ところが公害問題が改善されるに伴って、景観の意味は少しずつ違うものにシフトする。とくに新しい世代の人たちにとっては、「公害問題の象徴」だった景観がある意味とても新鮮で面白く、ワクワクするような新しい景観として再発見されるわけです。

　四日市なら十数年前、他都市（川崎）では20〜30年ぐらい前からこういった現象が起き始めています。とくにSNSの影響が大きいでしょう。それから

写真3　四日市市石原町

やはりデジカメの劇的な普及。今はもう「一億総カメラマン」と言ってもいいぐらい、学生も含めて多くの人たちがカメラを持っています。彼らはカメラで自分の好きな景観を撮ってそれを即座にSNSに上げ、そして皆から「いいね」を押してもらう。そういうモチベーションが働いている。それでさまざまな「景観の価値」というものが一気に広がっていくわけです。工業地帯のように、一般的にはあまり身近ではない、あるいは人間の生活からは少し離れてしまったような場所の景観までもが、パソコンの画面を通じて、お茶の間とか自分の書斎に一気に流れ込んでくるわけです。それがとても新鮮で、時に芸術的にさえ感じられた。そして、普段はパソコンの画面だけで見ていた産業景観を今度は実際に自分の目で確かめに行ってみようということになる。産業景観を現地で追体験するための行動がどんどん出てくるわけです。

(3) 全国工場夜景サミット

　日本の工業地帯には、このような魅力的な産業景観が豊かにあります。いわゆるマニアの人たちから言わせれば、その中でもとくに四日市は一級品の産業景観が楽しめる場所として知られています。私がこの手の研究を始めたのは27年ぐらい前ですけれども、最初のころは研究室の仲間からも「なぜ君はこ

んな景観に興味を持つのか」と問われました。当時はまだ、もの好きやマニア
だけが楽しむような景観であったのかもしれません。しかし現在は、それこそ
学生から年配の方まで、皆で楽しめる景観となった。価値観が一気に広がって
きていると思います。2011年からは産業景観を持つ工業都市の関係者が一堂
に会して景観の活用法を話し合う「全国工場夜景サミット」なるものが開催さ
れています。第1回の会場は川崎でした。私はそこで基調講演を担当しました
が、参加都市は川崎、北九州、室蘭、そして四日市でした。臨海工業地帯を持
つこれらの4都市が、産業景観を観光などに活用し得ることに気づき始めていた。
これらの先進的な都市が川崎に集まり、一般市民を交えて意見交換しました。

　ところがその後になって「私たちの都市にも同じような景観がある。仲間
に入れてくれないか」という工業都市が次々に現れました。以来、毎年この
サミットを重ねるたびに、周南、富士など仲間がどんどん加わっていきます。
2018年度の第8回全国工場夜景サミットは千葉で開かれ、参加都市は高石、
尼崎、堺など10都市に増えています。同じようなポテンシャルを持つ工業都
市は日本各地にまだまだありますので、今後さらに仲間が増える可能性がある
と思います。今まさに、産業景観が全国的に市民権を得ていく過程にある。そ
の中心地の一つがここ四日市なのですね。

(4) 産業景観とアート

　このように産業景観を価値あるものとして積極的に捉える考え方は今でこそ
一般の人々の間に広がっていますが、芸術、たとえば写真の世界ではもっと早
くから立ち現れていました。日本では大体1980年代ぐらいから出てきていま
す。ヨーロッパの絵画では1920年代にはすでに産業景観を対象とした作品が
あります。

　写真家の畠山直哉さんは、1990年代にセメント工場を撮影した写真集で木
村伊兵衛写真賞を受賞しています。写真家としては最も栄誉ある賞の一つです
ね。日本だけではなく、アメリカやドイツ、あるいは韓国などでもこういった
写真集が出版されている。これは一過的なブームではなく、今や世界的なムー
ブメントとも言えそうです。

2. 四日市産業景観のストーリーを旅する

(1) 工場景観と町とのつながり

　ここで一つ自分からご提案したいことがあります。確かに今、工場地帯の景観は注目されていますし、観光資源として活用していくことはとても意味のあることだと思います。一方で、今のツアーの中では工業地帯は工業地帯として完結して捉えられていて、町とのつながりが感じ取りにくい。これは四日市に限った話ではなく、この手のツアーを実施している工業都市に共通することかもしれません。

(2) 三岐鉄道をたどる

　そこで一つ、注目したいことがあります。四日市の皆さんが日常的に使われている「三岐鉄道」です。鉄道マニアの間でも人気のある鉄道です。四日市と藤原（いなべ市）を結んでいる路線で、1931年に開通した歴史的鉄道、現役の産業遺産ですね。もともとは藤原岳の石灰石を輸送する目的で整備されたもので、それが同時に住民の足としても機能している。藤原の太平洋セメント工場から四日市港の太平洋セメント出荷センターに至るまでの沿線には、重要文化財の末広橋梁、旧港防波堤、潮吹き堤防などがありますが、実はこれらはとても面白いストーリーでつながっていることがわかります。

(3) 末広橋梁と四日市旧港防波堤

　順番に見ていきましょう。まず、臨海工業地帯の中に何があるのか。ここには2つの国指定重要文化財があります。末広橋梁と、それから四日市旧港防波堤です。奈良や京都のお寺と同等の価値が認められている国の重要文化財が2つもある工業都市というのは他にはないと思います。四日市の方にとっては当たり前のことかもしれませんが、客観的に見るとこれは大変珍しく、貴重なことだと思います。

　私は土木学会で「選奨土木遺産」を認定する仕事をしていますが、末広橋梁は一級品の土木遺産の一つとして知られています。可動橋としては国で初めて重要文化財になりました。写真4は、幸運にもちょうど貨車が通るタイミング

写真4　末広橋梁

写真5　四日市旧港防波堤（人造石工法：たたき）

写真6　服部長七（1840〜1919）

で撮ることができました。現在も可動橋つまり「動く橋」として存続できている理由は、今も貨車が通っているからです。この貨車は何か。太平洋セメントのものです。これは石灰石、あるいは石灰石を原料として製造されたセメントを運んでいる。そしてその先には、特徴的な太平洋セメントの出荷センターの産業景観がある。四日市の工業地帯の主要をなす産業景観です。

　もう一つの重要文化財は、四日市の旧港防波堤です。防波堤の上に形成されている産業景観も興味深いですが、今ここで注目していただきたいのはその直下にある防波堤です。実はこれも大変歴史的な価値のあるもので、「長七たたき」という技術が使われています。服部長七という左官職人（写真6）が、人工的な石をつくることに成功したわけです。石灰と真土を混ぜて、つき固めた結果、自然石並の強度が得られた。コンクリートの技術がなかった時代にこのような防波堤を築くことができたのは驚くべきことです。その価値が認められ、重要文化財になったのです。人工の石というのはコンクリートの思想に近いですね。しかもセメント同様、石灰が使われています。

　つまり、この2つの重要文化財は「石灰石」というキーワードでつながっている。その生産元の藤原岳、そこには砿都（石灰・セメント工業都市）藤原が形づくられている。写真7は採掘された藤原岳の景観です。ここでセメントが生産され、三岐鉄道で運ばれてくるわけです。

(4) 太平洋セメント工場と貨物鉄道博物館

　藤原にある太平洋セメントの工場も、四日市の工業地帯に匹敵するほどのインパクトのある産業景観を形成しています。工場が建てられただけでなく、その周辺には新たに「セメントクラブ」や、あるいは地元の方が利用できる麻雀場などの文化施設も整備されていきます。工場の周辺に新しい文化が生まれる。四日市も同じですね。そういうところまで注目してみると、工業都市の本質をもっと立体的に捉えることができると思います。

　また、丹生川駅には、日本で唯一の貨物列車の鉄道博物館があります。四日市と強くつながるストーリーがここにもあります。

　それから、三岐鉄道が萱生川をまたぐところに「ダクタル橋梁」が架かっています。ダクタルは最新鋭のコンクリート材料で、超高強度繊維補強コンクリート

写真7　太平洋セメント藤原工場

写真8　丹生川駅貨物鉄道博物館

とも呼ばれています。暁学園駅の真ん前にこの橋があります。見た目は平凡な四角い橋ですけれども……。今までのコンクリートではあり得ないことですが、なんと鉄筋が使われていない。その結果、床版を薄くすることができています。

　これだけユニークなものがそろっている三岐鉄道、注目しない手はないですね。しかもその拠点に四日市があって、そこに重要文化財が2つもあるわけです。四日市の臨海工業地帯と内陸とが、三岐鉄道という「市民生活の足」によって結びついていることにも是非光を当てていただきたい。この場をお借りして強く主張したいと思います。

第5章

環境改善と産業発展が両立したまちづくり

森　智広（四日市市長）

　四日市市長の森智広です。このたびは、環境共生シンポジウムにお招きいただき、また、こうした四日市市のプレゼンをする機会も頂戴し、大変ありがたく思っています。私からは、「環境改善と産業発展が両立したまちづくり」というタイトルでお話しさせていただきます。
　本題に入る前に、四日市市の概要についてご紹介いたします。

1．四日市市の概要

　四日市市は、図1の地図にあるように日本のほぼ中央部に位置しており、工

図1　四日市市の概要

業都市のイメージが強いかと思いますが、実は自然にも恵まれた地域です。東は伊勢湾に面し、西は鈴鹿山脈のふもとに緑豊かな茶畑や里山が広がっています。昔から、天然の良港を持つ港まちとして発展し、江戸時代には、今の東京から京都を結ぶ東海道五十三次の43番目の宿場町として栄えました。

戦後は、石油化学コンビナートが立地し、日本経済の高度成長の一翼を担って、大きな発展を遂げましたが、その一方で、四日市公害が発生し、多くの犠牲を払うこととなりました。

しかし、その後、市民、企業、行政が一体となって環境改善に取り組み、官民合わせて1兆円近い事業費を投じたこともあって、公害を乗り越えて青空を取り戻すことができました。

現在では、高付加価値型の機能性化学品や、IT産業用の高度部材などを製造する石油化学コンビナート、そして、世界最先端、世界最大級の半導体工場をはじめ、自動車・電機・機械・食品など、多様な産業の集積する全国屈指の産業都市として自立しています。

以上が本市の概要ですが、ここからは、主に四日市公害の経緯と青空を取り戻すまでの大気環境の改善の歴史、また平成27（2015）年3月にオープンした「四日市公害と環境未来館」をはじめ、現在の本市の環境に対する取り組みについて、順次、ご説明いたします。

2．公害問題への取り組み

さて、戦後の高度経済成長期において、国は「石油化学工業の育成」を掲げ、その一つとして、昭和30（1955）年、四日市市にある海軍燃料廠の跡地に石油化学コンビナートの建設を決定いたしました。

このコンビナートは、四日市市の経済を支えるだけでなく、日本の経済発展に重要な役割を果たしました。

一方で、このコンビナートの操業が軌道に乗るに従い、煙突から排出されるばい煙による大気汚染が発生、周辺の地域に健康被害が見られるようになりました。いわゆる四日市公害です（図2）。

当時、日本国内では、ばい煙に対する規制はありませんでしたし、周辺の漁

図2　大気汚染が進む四日市

図3　四日市公害訴訟

図4 四日市市における取り組み

港では、異臭を放つ魚が水揚げされるなど、水質汚濁も深刻となっていました。

大気汚染による健康被害は深刻さを増していき、ついに、昭和42（1967）年、公害認定患者の方々9名が原告となって、石油化学コンビナート6社を相手取り、損害賠償を請求する訴訟を起こしました。

昭和47（1972）年、原告側が主張してきた、工場から排出される二酸化硫黄とぜんそくの因果関係および企業の共同不法行為が認められ、5年という短い期間で原告側の全面勝訴の判決が出されました（図3）。

このことが大きなきっかけとなり、日本の大気汚染対策が大きく前進することとなります。

コンビナートから排出される硫黄酸化物によって被害が拡大したわけですが、その対策として、本市では、企業や行政が一体となり、図4の取り組みを実施しました。

まず、①の高煙突化ですが、これは煙突を高くし（高いところで約200m）、排煙の拡散希釈を促進強化するという対策です。

ところが、この高煙突化によって、以前よりは低濃度ではあるものの、汚染地域の拡大を引き起こしてしまうという面も出てしまいました。

そこで、この問題に取り組むために、昭和46（1971）年に三重県公害防止条例が改正され、全国に先駆けて②の硫黄酸化物の総量規制が導入されました。

　また、昭和40年代の終わりになると、③の実用化の目処がついた排煙脱硫装置が各工場に次々と設置され、大気環境は大幅に改善されました。

　こうした取り組みにより、昭和51（1976）年度には、市の全域で二酸化硫黄の環境基準値が達成されました。

　さらに、④のぜんそくなどの公害患者に対する、医療費の助成制度を始めました。これは、指定された地区で、ぜんそくなどの疾患がある方を公害患者と認定し、医療費の助成を行うという、四日市市独自の医療費負担制度です。

　この制度により、当時700人以上の方々を認定し、救済しました。

　その後、総量規制と医療費負担制度につきましては、四日市市における取り組みがもととなり、国の制度に移行していきました。

3．国際環境技術移転センター（ICETT）

　もう一つ、その後の取り組みとして、国際環境技術移転センター（ICETT）の設立が挙げられます。

　我が国は、四日市公害等、これまで環境問題に取り組んできた経験と技術の蓄積を活かし、各国と協力して積極的に世界に貢献していくことが期待されています。

　本市に立地するICETTは、このような背景のもと、諸外国の環境改善を目指すことを目的とし、我が国の環境保全システムを円滑に海外に移転していく機関として、産・官・学の協力によって設立されたものです。

　環境保全に関する技術や管理ノウハウを研修生受け入れ国に移転することにより、地球環境の保全および世界経済の持続的な発展に資することを目指しています。

　平成30（2018）年3月末までにICETTが受け入れた研修生は、121ヶ国、9139名であり、最近の主な受入国は、中国および東南アジア諸国等となっています。

　こうしたICETTの取り組みも評価され、平成7（1995）年には、四日市市

図5　国際環境技術移転センター（ICETT）

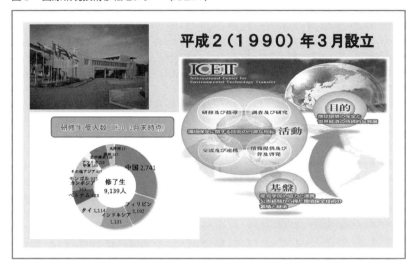

が国連環境計画からグローバル500賞を受賞しました。

4．夜景ナイトクルーズ

　ところで、四日市市では、産業観光の一環として、コンビナートの夜景を海から眺める「夜景ナイトクルーズ」を、5年前から実施しています。
　最近は、「工場萌え」と言って、工場の美しい夜景が話題になっていますが、普段陸側からは見られない、美しく幻想的な夜景をご覧いただくこの企画は、毎年好評を博しているところです。
　なお、この夜景クルーズでは、コンビナート企業のOBにガイドを務めてもらい、単に夜景を見るだけの観光ではなく、かつての公害の話も交えながら説明をしています。
　そのことで、各企業の製品や四日市公害の環境改善の道のりなども知っていただき、本市のイメージを改善していただくよい機会ともなっております。
　本年（2018年）6月には国土交通省が発行した「観光地域づくり事例集」にも産業観光としてコンビナート夜景クルーズに関わる取り組みが掲載されました。

図6　コンビナートの夜景クルーズ

図7　コンビナートの夜景

クルーズへの来訪者の7割は県外からであり、貴重な観光資源として本市の魅力を発信しています。

最近では企業が四日市のコンビナート夜景をタンクローリーにラッピングしてくれるなど、本市のコンビナート夜景を発信する取り組みが広がりつつあります。

5．四日市公害と環境未来館

次に、平成27（2015）年3月にオープンした「四日市公害と環境未来館」についてご紹介させていただきます。

「市立博物館」や「プラネタリウム」のリニューアルに合わせて、同じ建物の中をリニューアルし、「四日市公害と環境未来館」を、約7億円をかけて設置しました。

この「四日市公害と環境未来館」は、四日市公害の発生から半世紀が経過した現在、その歴史や教訓を風化させることなく、次の世代にしっかり伝えていくと同時に、官民合わせて約1兆円を投じて進めてきた環境改善の取り組みや、先進的な環境技術を活かして、20年以上にわたって国際貢献を果たして

図8　四日市公害と環境未来館

きたことなど、本市の環境に関わる取り組みを、広く市内外に総合的に情報発信していく施設です。

施設内では、主に建物の2階部分を使って、近代から現代までの四日市のあゆみを、以下の6つのエリアで紹介しております。

①産業の発展と暮らしの変化　　②公害の発生
③まちづくりの変遷　　　　　　④環境改善の取り組み
⑤現在の四日市　　　　　　　　⑥環境先進都市四日市

このように、公害が発生する前の暮らしと変化の様子から、高度経済成長に伴う公害の発生、四日市公害裁判の提訴、裁判の判決と環境改善の取り組み、さらには環境と産業、環境と我々の生活との関わりを知り、未来の環境を考えるきっかけにしていただけるような内容となっております。

6．クールチョイス

そして、最後に今年力を入れて取り組みたいのが、「クールチョイス」の推進です。

図9　「クールチョイス」の推進

温室効果ガス削減目標の達成に向けては、とくに民生部門・家庭部門で大幅な削減を進めていかなければならない中で、市民の皆さん一人ひとりの温暖化に対する正しい理解と自発的な行動が不可欠であります。

　そこで、市民一人ひとりが取り組める省エネやエコドライブなど、温暖化防止に資するあらゆるかしこい選択「クールチョイス」について普及啓発事業を進めていきたいと考えており、まずそのスタートの合図として、4月に「クールチョイス宣言」を行い、私が記者会見を行ったところです。

ディスカッション

朴恵淑　ありがとうございました。ここで皆さまから最後に一言ずついただくことで、パネルディスカッション（四日市公害の克服、工場夜景などを活かした新しいまちづくり）を終わらせていただきたいと思っております。まず、鶴巻さんからお願いします。

鶴巻　「四日市や日本、世界がどこに進んでゆくべきか」（図1）ということなんですが、私どもが心配している「日本の人口減少問題」っていうのはどうしても改善せんと駄目だと思っております。どうすれば改善できるかはわかりません。その次が、「平和で環境が重視される世界」、こういうものをどうしてもつくっていかなければ駄目だと、これはもう先ほど先生方からも聴かせていただきました。さて次の「綺麗なエネルギーの確保される、日本も世界も」。実はエネルギー源はいっぱいあります。今ちょうど私どもが、どんなエネルギーがあるかと考えますと、植物も木材もすなわちバイオエネルギーということですね、バイオ、石油、ガス、太陽光、石炭、風力、波力、水力、原子力、地熱

図1　四日市や日本、世界がどちらに進んでゆくべきか

```
┌─────────────────────────────────────────────┐
│                                             │
│   1. 日本の人口減少問題の改善                │
│                                             │
│   2. 平和で環境が重視される世界              │
│                                             │
│   3. 綺麗なエネルギーの確保される、日本も世界も │
│                                             │
│      山林、石油、ガス、太陽光、              │
│         石炭、風力、波力、水力、原子力、地熱   │
│      ─────────────────────                  │
│                                             │
│   4、やがて宇宙の果てや仕組みがわかる科学の進歩 │
│                                             │
└─────────────────────────────────────────────┘
```

と、ざっとこのぐらいあるわけです。

　私どもはこのうち「木材、石油、ガス、太陽光」は、我が社でも可能だから これをやろう、四日市のような環境問題を起こしてはならないということで、 裁判で負けた直後からこの問題に取りかかりました。その結果、私どもがまず やり始めたのが太陽光です。太陽光発電ということで、裁判に負けた1年後ぐ らいから関わりまして、すでに現在その太陽光パネル工場が出来上がって、宮 城県と宮崎県で生産販売しております。あとでちょっと見ていただきたいと思 います。それから、木材というのは、これは川崎でバイオマス発電所で電気 をつくっております。チップ、木のカスをカナダから持ってきておりまして、 相当大きな、「京浜バイオマス」という会社をつくりまして、そこで5万キロ ワット、相当大きいですが、その発電所がずっともうすでに動いております。 それから、ガス、これは天然ガスですが、石油会社だからそれなりにガスはあ るんですけども、東京ガスと一緒に天然ガスを持ってきまして、そして東京ガ スと一緒に発電所をつくって、それも動いております。これはほぼ100万キロ ワット、すなわち原子力発電所1個分ぐらいの規模で動いております。それか ら後のほうは、これらは取りかかってはおりませんが、なかなか難しい問題を いっぱい含んでおるわけでございます。

　ただ、石油は簡単になくなりません。ペルシャ湾を入っていきますと、それ こそずっと油だらけです。ただ、それを平和な方法で、それから公害を起こさ ずに、日本まで持ってきて、人々が使い続けるかという問題。この平和の問題 と、それから、輸送ルートの問題、これは非常にこれから真剣に考えなければ ならない問題だと思っております。

　それから、これは私の願いですけども、「やがて宇宙の果てや宇宙の仕組み がわかる」、これをぜひ知りたい、こう思い続けております。子どもみたいな ものですけども。そして、それだけ科学が進歩すると、おそらく人類というも のはもっと変わってくると、こう思い続けておりまして、現役の当時は、ロ ケットを勉強したり、そういうことを私もやっておりましたし、社員にも勧め ておりました。

　図2が、四日市の楠というところにあるタンク地帯ですが、そこに太陽電池 が、すでにこれだけケーブルを敷いて設置されています。この電気そのものが

図2　楠太陽光発電所

楠太陽光発電所 メガソーラー設備概要	
敷 地 面 積	24,700㎡
設 備 出 力	1,998kW
年 間 発 電 量	260万kWh（一般家庭　約460世帯相当）
モ ジ ュ ー ル	ソーラーフロンティア㈱製　モジュール枚数：約14,400枚
施 工 元 請	昭石エンジニアリング㈱
運　　　　　営	昭和四日市石油㈱（昭和シェル石油㈱より委託）
営業運転開始日	2014年6月16日（全量中部電力へ販売）

図3　ソーラーフロンティア（株）　国富工場

［提供］ソーラーフロンティア（株）

もう自然のエネルギーでございます。それから、図3の写真はソーラーフロンティアという、うちの子会社が作っている太陽電池の工場です。これは、先ほど申しましたように、九州と宮城にあります。写真は、九州の国富工場というところで、うちの子会社が進出したんです。裁判に負けた1年後から追求し始めてついにここまでいくことができました。単なるシリコンの半導体じゃなくて、銅と、インジウムとセレンという特別に見つけ出した高効率半導体で作っているところは、おそらく昭和シェルだけじゃないかと思っております。

朴 鶴巻様ありがとうございました。

先ほど、種橋様のほうから、文化的なところで、萬古焼の話もありました。今年、沼波弄山生誕300周年、そういうことで萬古焼もまた新たな発展になるんじゃないかというふうに思っております。あらゆる部分で今活気あふれる四日市の商工会議所の会頭ですので、種橋様、一言お願いいたします。

種橋 先ほど観光の話がいろいろ出ましたけれども、四日市港には、今年（2018年）から、外国客船が入港することになりました。すでに3回入港したわけでありますけれども、10月と11月にはさらに2回、四日市港に寄港するわけであります。最近来られましたダイヤモンド・プリンセスの状況をお話しいたしますと、乗っておられる乗客は全部で2825人、そのうちの約4割が外国人の方でございました。この外国クルーズ船というのは、伊勢湾口から入ってくるわけです。そうすると伊勢湾の水の上を入ってくる。伊勢湾の水がどれだけきれいかというのが、やっぱり非常に重要なんです。もう一つは、四日市港に入ってきますから、四日市港に入ってくるときにコンビナートの沖合を通ってくるんです。そうすると、コンビナートから臭いが出るようなものがあれば、皆さま方がすぐ感じて、あっ、四日市ってこんな町なんだという印象になっちゃう。でも今、それがまったくないんです。きれいな海を通って、きれいな空気を吸いながら、四日市港に入ってくる。そして、その方々が、これから少し日が短くなりますから、出港されるときに四日市港のコンビナートの夜景を見ながら伊勢湾口に向かって出て行かれるということになるわけでございまして、また今度は夜景だけを見に行きたいという人たちが出てこられることを我々は期待しているんです。

やはり、さっき岡田先生がおっしゃいましたように、四日市港にはいろんな

ディスカッション　77

産業観光遺産がある、それをもっと我々として売り込んでいかなきゃいけない。そして、そういう外国客船を使ってこられた方、あるいは、日本のクルーズ船で来られた方々に、四日市港、四日市を実感していただいて、またリピーターとして四日市に来ようという気持ちになっていただくことが非常に重要だと思っています。

　そして、先ほど申し上げましたけれども、我々が考えておりますのは、市と四日市商工会議所と、要するに四日市の産業界全体で、将来こういう都市を目指しましょうということで考えた案でございます。四日市市産業活性化戦略会議というのが今から4年前に行われまして、そのときに、みんなで議論をして、将来こういう方向の都市を目指しましょうということになっておりまして、その1番目に、「環境共生型先端工業都市」と書いております。ここを我々はやっぱり最重要視しながら、アジア随一のクオリティ産業都市を目指していくということでございますので、また引き続きよろしくお願い申し上げます。

朴　一言で言えば、四日市に学べということですね。次は馬路さん、よろしくお願いします。

馬路　もう何も言うことはありませんが、私の故郷が美しい海と美しい空に変わっていったということはとてもうれしいことで、夜の夜景の美しさもいつも小さいときから見ていた姿ですので、このままずっと美しい空のままで四日市市が発展していっていただきたいと思います。

岡田　いくつか最後に申し上げたいことがあります。まず最初は、マイナスのレッテルが一度ぴたりと貼られてしまうと、そのものが本来持っている「持ち味」のようなものに気づきにくくなってしまう恐れがあるんじゃないか、ということです。

　たとえば、これはもう10年以上前の話ですが、国土交通省の仕事で「四日市の風景の要素」を抽出するという面白い事業があったんですね。そのときに四日市市民の方々にも委員になっていただいて、そこでいろいろ議論をしました。当初から、おそらく産業景観の話が出てくるんじゃないか、そして公害問題を引き起こした「負の遺産」という意見も出てくるんじゃないかということを予想していました。ところが、実際蓋を開けてみたら違っていた。産業景観

の話は出てきたものの、そのときの市民委員さんの方々のおっしゃったことはとても印象的でした。「この景観は負ではない」とおっしゃったのです。要するに、四日市は公害問題を起こしてしまったけれども、それを立派に克服した。これは市民の誇りであり、産業景観はそれを象徴している、というのです。いったんどん底に落ちてしまったけれども、そこからまた這い上がっていった。それは誇らしいことだ、とおっしゃいました。

　私はその言葉にとても感動しました。「負の遺産」という強烈なレッテルだけを貼ってしまうと、このような大切な考え方になかなか気づけなくなってしまう恐れがある。ですので、マイナスのレッテルを貼るのは簡単ですけれども、少し気をつけたほうがいいと思います。その景観に取り柄はないのか、何か見過ごされている価値があるんじゃないかということにもっと留意すべきだと思います。

　もう一点あります。工場夜景観光で四日市が盛り上がっていることはとても素晴らしいことだと思いますし、このような研究を続けてきた自分としても大変うれしく思っています。ただ一つだけ提案があります。これはもしかしたら地元の方はすでに感じておられることかもしれませんが。工場夜景を見て、カシャッと写真を撮ってそれをインスタに上げて、ワイワイ騒いで盛り上がって帰ってしまう——これだけでは少しもったいない。盛り上がってる人たちは幸せな気持ちになっているわけですからこれは決して悪いことではないですが、何か非常に表層的でもったいないように思います。景観にはこのような表層的側面があることも確かではあるのですが、表層的な部分だけを面白がることに帰着するのは惜しい。その一方で、産業景観は先ほどの公害克服のような歴史が反映された景観であることも事実です。表層の背後に、そういう価値も本来内包している景観なわけです。せっかく多くの人が観光目的で集まっているのですから、できればその何割かの方々にも、実は四日市というのはこういう町で、こういう歴史をたどって、そして、その結果形づくられた景観が今見えている壮麗な産業景観なんだということを少しでも理解していただきたい。要するに「町を知って」帰っていただきたい。そういう工夫がやっぱりどこかに必要なのではないかと思います。

　町を知るということは、町を好きになるということと同値です。町を好きに

なるということは、町をよくしようという意志の原動力になります。今の工場夜景ツアー参加者の9割が市外の方だという事実は、喜ばしい反面、もしかしたら憂うべき課題なのかもしれません。やはり市内の方にも地元四日市を知っていただくというのがまず一番大切なことだと思います。そういう環境学習や歴史学習と夜景観光とをうまく結びつけるような工夫がほしい。せっかくある（この会場のすぐ横にある）四日市公害と環境未来館と工場夜景観光を結びつけるようなことができないでしょうか。

　一方で、環境学習とか歴史学習を入り口にしてしまうと、おそらく勉強好きとか歴史好きしか集まらないと思います。これにはかなり限界がある。でも夜景観光だったら、仮に環境学習や歴史学習といった勉強が苦手な人でもどんどん入っていける。敷居が低いですね。入り口としてはとても有効であると思います。モチベーションは夜景観光で構わない。さらにその先にある「四日市ってどんな町なんだろう」という関心に接続できれば、四日市はもっともっと面白く見えてくると思います。

朴　ありがとうございました。最後に森市長、よろしくお願いいたします。

森　市長としていろいろ考えるところがありまして、都市イメージをいかに向上させていくかとか、あとはシビックプライド、市民の誇りをどう向上させていくかというところを考えています。やはり四日市には公害という歴史がありまして、この事実は変えることができないんです。半世紀ほど前、公害があった。しかしそれから、市民、企業、そして行政、この三位一体で、青い空、青い海を取り戻してきたわけであります。よく市民の方から、「四日市って言ったら公害やろ」って言われるって、残念がってお話しされることとか結構あるんですけども、それって昔のイメージから脱し切れていない四日市があるわけで。それを払拭しようと今までもずっとやってきたけど、なかなかこのイメージっていうのは払拭できない。

　ただ、四日市が経験したからこそ、世界に発信していくこと、この経験を踏まえてできることっていうのを着実に正攻法としてやっていく中で、もう一方で、今この工場夜景にスポットが当たってるというのは一つの光かな、と私はこう思ってきています。王道は王道で、正攻法のことをやっていく一方で、工場夜景という注目を浴びているこのコンテンツで、四日市のイメージを、公害

の延長線上に工場夜景があるんだ、そこまで持っていけるような、こういう仕組みづくりをこれからもやっていかなければいけないのかなと思っております。止まったら終わってしまいますので、前に前に進んで、四日市をもっともっと盛り上げて、イメージをもっともっと向上させていきたいなと思っております。

朴　これだけ素晴らしいパネリストとの時間が1時間ちょっとなのは、はたして十分かなと思ったんですけれども、なんとかおかげさまでここまでこられました。私のほうからのまとめの一言で終わらせていただきます。過去の負の遺産を未来の正の資産に変えるには何をすべきか、そこを皆が考えて、ちっちゃいことからでもスタートすること、それを発信すること、これがたぶんこのパネルディスカッションの皆さまの共通した認識だったのではないかなというふうに思っております。ありがとうございました。

コラム①

四日市の海と空：公害裁判の意義

林　良嗣（中部大学持続発展・スマートシティ国際研究センター長／
ローマクラブ・フルメンバー／四日市海洋少年団OB）

かつて深刻な水質汚染や大気汚染を招いた四日市公害。その裁判の判決後、
環境基準を超えて亜硫酸ガスなどを排出した工場は罰金あるいは操業停止と
なった。それ以前は、垂れ流せば流すほどに利潤が上がったが、この判決によ
り垂れ流さないほうが儲かるように反転した。

社会のルール変更によって大幅な環境改善を成し遂げたというエビデンス
は、開発途上国での経済開発にも組み入れるべきである。

1．海岸線の変貌

1950年代半ば、我が故郷の四日市の海岸線には、白砂青松が広がっていた。
そのころまでの四日市の主要産業は、萬古焼と呼ばれる陶器の製造や繊維産業
であった。しかし、このころから日本は高度経済成長にさしかかり、石油化学
工業がそれを主導する基幹産業になっていく。四日市には多くの萬古焼の窯元
があったが、60年代は石炭窯から石油窯に切り替えが行われた時代で、主婦
は洗濯物にススが付かなくなったと「近代化」を喜んでいた。海岸線では一
方、石油化学の工場が次々と立地し始め、20kmほどある海岸線は、白砂青松
から企業岸壁へと変貌していった。

2．空と海の環境変化

伝統的窯業の「近代化」の背後で、こうしてできた石油化学コンビナート
の工場群から、石炭から出るススよりもずっと恐ろしい、亜硫酸ガスという
目に見えない、人を蝕む物質が排出されるようになったとは、誠に皮肉なこと
であった。夏に半袖のユニフォームを着てカッター（救命ボートの片側の舳先を

大気汚染と海洋汚染を招く原因となった四日市の石油化学コンビナート
[出所]（独）環境再生保全機構

第1コンビナート（2010年9月9日撮影）
[出所] 四日市市

切り落とした形をした訓練用のボート）の練習をしていて、雨が降り始めたときのことである。空気中の亜硫酸ガスを含んだ水滴状の硫酸ミストが腕に落ちてきて、ジュっという音こそしなかったが、白い斑点が腕にできた。これほど、亜硫酸ガスは濃かったのである。

　一方、海は四日市海洋少年団に入団していた私がカッターの練習を始めた中学1年生の1963年ごろには、真ちゅう製のクラッチ（オールを支える器具）を落としても海底まで素潜りで取りに行けた。しかし、その後、工場から塩酸などが大量に垂れ流されて、四日市港の海域は魚などが棲息できない死の海と化し、スクリューの腐食を理由に四日市港への入港拒否も起きた。カッターの舵の軸受けも、親指くらいの太さから割り箸のように細くなっていった。

　夏休みには、ほとんど毎日カッターの練習に出かけた。暑いので、中学生のころには、練習途中でどこかの企業の岸壁に降りて、カッターに積み込んだウォータークーラーの氷水を飲んで休んでいた。ところが公害裁判が近づくに連れて、企業のガードマンに追い散らされるようになった。海洋少年団は、四日市海上保安部の庇護の下に練習を続けていたが、海上Gメンとも呼ばれて水質汚染の取り締まりを海上保安部が厳しく摘発していたころであったので、そのまわし者と取られたようである。

コラム①　四日市の海と空：公害裁判の意義　　83

3. 公害裁判の日

　四日市公害裁判は、1972年の夏であった。その日、海洋少年団のカッターの練習に参加するために、津地方裁判所四日市支所の前を自転車で通りかかると、70m道路を挟んだ反対側の市役所の屋上には、望遠レンズの砲列があった。その日の海は、コーヒー色であった。
　裁判は、四日市喘息の患者が6企業を相手取って起こしたのであった。それまで企業は、脱硫装置などの設備を備えるとコスト高になるため、それを怠ることにより利益を上げてきた。裁判で被告側は、「どの煙突から出た煙が誰の喘息を誘発したのかを立証できなければ、我々に責任を問うことはできない」と主張した。しかし判決は、「共同不法行為」として、被告の主張を退けた。

4. 迷裁判から名裁判へ

　2001年の名古屋大学大学院環境学研究科の設立シンポジウムのテーマは、「四日市公害」であった。そこには、4名のパネリストを招いた。公害裁判当時の厚生省公害課長、四日市市担当係長（のちに助役）、三重県立大学医学部教授（原告側被害の科学的実証者）、被告側企業担当部長（のちに社長）であった。
　この企業の元部長は、「四日市裁判とは何であったのか？　それは、企業の利潤関数の前にマイナス符号を付けたことです。裁判当時は、迷裁判だと思っていましたが、今となっては、名裁判であったと思います」と語った。そして、シンポジウム当時、全国各地の中学校、高校を巡ってボランティアで講演をさせてほしいと頼み、この意義を説いて回っていると語った。

四日市公害訴訟勝訴報告集会（1972年7月24日）
[出典]（独）環境再生保全機構

5．判決の意義

判決までは、脱硫装置などを装備しないほうが費用を節約できたが、判決後は、環境基準を超えて排出すると罰金あるいは操業停止となった。垂れ流せば流すほどに利潤が上がったが、判決により、垂れ流さないほうが儲かるように反転した。その結果、空も海もみるみるきれいになり、公害裁判の翌年になると、オールの先に魚が当たって、カッターに飛び込んできたのには、感動した。

企業が営利追求するのは、本来的性質であり、それ自体が悪でも何でもない。しかし、社会のルールが時代に適合しないまま放置されると、四日市公害のような悲劇が起こる。公害裁判後でも、四日市は公害激甚地区指定されたことにより大気・水質ともに急速に改善が進んだが、名古屋南部地区のように指定がなされなかったところでは、改善が遅れた。

6．開発途上国への伝達

四日市公害と、裁判に従って社会のルールを変更したことによる企業の180度の行動転換、その結果として大幅な環境改善を成し遂げたエビデンスは、長く日本の歴史に残して、アジア、アフリカなどの開発途上国での経済開発に当初から組み込まれなくてはならない。青い空と海を、次世代の人々に受け継いでいくことは、開発途上の時代から成熟社会までを実体験してきた世代が生きている現代日本の、世界に対する責務である。

（海洋政策研究所『Ocean Newsletter』第340号〈2014年10月5日発行〉より転載）

コラム②
四日市公害に直面して

鶴巻良輔

司会：鶴巻良輔さんからお話をいただきます。鶴巻さんは昭和シェル石油の元社長さんでいらっしゃいます。四日市が社会的に問題になったころは、昭和四日市石油で環境担当の部長さんをされていまして、企業の立場でさまざまな取り組み、あるいは問題に直面された方です。最近は、要職を務められるかたわら、企業の立場で、我が国が公害に直面し克服する過程で得たことを、若い学生や 21 世紀を担う若者に伝え託したいと、全国各地の大学などで講演活動などをされていると聞いております。それではよろしくお願いいたします。

ただいまご紹介にあずかりました、鶴巻です。何年経っても「加害者」でして、非常に重い気持ちで登壇しております。しかし、名古屋大学環境学研究科ができた、こういう学科こそ必要であったと、かねてより思っておりましたので、恥ずかしい思いはしますが、反省を込めてお話しさせていただきたいと思っています。

私のお話ししようと思いますものは、「四日市公害に直面して」ということですが、とくに私が大事であると思っているのは、「公害の顕在化から敗訴までの被告側の事情」です。今日の話の主点は、そこに置こうと思っています。

1. コンビナートの立地と四日市公害判決

夏の風向きはいいのですけれど、冬になりますと、コンビナートの亜硫酸ガスがもろに磯津へ行くというような、地理的なポイントです。私が四日市へ来ましたのは、昭和 31（1956）年です。昭和 31 年は、日本の経済白書に「もはや戦後ではない」という有名な言葉の出た年で、いかに我々若い者たちが、勇

図1　国内エネルギー総需要の推移

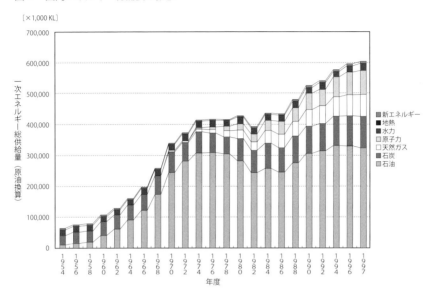

んでこの工業という仕事、エネルギーの仕事に携わったかという気持ちはわかっていただけると思います。

　図1が、私どもが四日市で仕事を始めた以降の日本のエネルギーの消費の伸びです。昭和31年から、日本全体のエネルギーはこのような勢いで伸びている。その中、石油関係はこの伸びです。いかに、この日本の経済、日本の社会が、それから、日本だけではないのですけれども、石油というものに頼ったかということを、まざまざと見せられるグラフではないかと思っています。私どもは、昭和33（1958）年から操業を開始しました。ところが、すでに昭和35（1960）年ごろから、異臭魚の話だとか、あるいは磯津地区における喘息の発作が起こったわけです。やがて、昭和42（1967）年に裁判になって、昭和47（1972）年で裁判に負けました。原告の主張は、喘息（大気汚染）の原因は、6社からの複合汚染である。それから、合法濃度というのは、ばい煙規制法という法律が出されたのですが、これは亜硫酸ガスを規制するというよりも、ばい塵を規制する法律なのです。ところが、排出口で合法濃度でも、複合されると

コラム②　四日市公害に直面して　87

不法行為になりますよと言われまして、我々被告側が何と言ったかというと、「そうは言っても我々はここにいらっしゃい、ぜひ来なさい。世の中が石油化学を必要としていますよ、電力を必要としていますよ、だから四日市に来なさい」ということで来たのです。一方、それは石油化学育成策ということで閣議決定されています。「これから石炭化学はやめよう。石油化学だ。それが世界の大勢だ」、エネルギーも、ちょうどこのころ、炭労（日本炭鉱労働組合）というのがありまして、ストライキをやっていて、非常に石炭が高単価になってきました。それで石炭から石油に変えようというのが国の方針になりました。そういうときに来たのだから（四日市への立地には）非常に社会性がある、それから、ばい煙規制法をクリアしているのだから我々は悪いことはしていない。

　しかして判決は、「原告の喘息は被告の複合汚染が原因です」よ、と。「民法の過失になっています」ということです。「故意または過失」と書いてあるのですが、「故意ではないが過失だ」と、こう言っているのです。何が過失かと言うと、「工場を立地する前に、その工場を造っても人に迷惑をかけないか。それから、動かしても（操業しても）人に迷惑をかけていないか」ということを、「よく考えないで、ひとごとだと思って漫然と出しているではないか。だからそれがお前の過失である」ということです。また、「人命に関わる汚染物質の防止は、その会社の経済状況を度外視してもやらなくてはならない。ただし、被告だけが悪いのではない。国や自治体にも、調査不十分で誘致して、それをリードしなかった責任がある」。こういう裁判の結果が出まして、当時は非常に、私は正直なところを言って、「こういう裁判もあるのかな」と思いましたが、それからほぼ30年経ちまして、今、非常に素晴らしい裁判だったなあと思っています。

2．公害対策（思い切った脱硫対策）

　どうやって、排出規制を乗り切ったか。「脱硫装置」というものを始めたわけです。昭和42（1967）年ごろからようやく、「煙突など高くしても本質的解決ではない。やはり、燃やすものから硫黄を取らなくてはだめだ」ということ

で、それを、四日市だけではなくて、日本中の石油化学会社などいろんなところがやりました。「直接脱硫」「間接脱硫」の合計の脱硫能力は、大変な勢いで伸びていきました。この結果、日本の脱硫能力は、たとえば、重油の直接脱硫のパーセンテージは、今から3、4年前の数字ですけれども、世界の30％を占めるに至り、「アメリカ、中東、アジアよりも、はるかに日本一国のほうが大きい」というところまでいきました。その結果、四日市では亜硫酸ガスの濃度は大変な勢いで改善しました。何とか、患者の方々に最大の努力をして報いようという結果がこういうことになっていったということです。

3．公害の顕在化から敗訴までの被告側の事情

　公害の顕在化して以来の被告側会社における、状況の捉え方とか、認識の程度はそれぞれの会社、それぞれの個人で違うと思います。今それを調べようがありませんので、以下は主として私の記憶による、私の自身の捉え方です。

　第1コンビナートが本格操業してまもなく、昭和34、35年には近隣の苦情という形で公害が顕在化し始めました。しかしそのとき、実はすでに他の公害がありました。阿賀野川（新潟水俣病）、水俣病、神岡鉱山（神通川）のイタイイタイ病などです。この他の3つの公害と四日市は、本質的に違うところがあります。他の3つは、食べ物を経由して「どうもおかしいのではないか？」ということで、非常に相関性の立証が難しかった。が、四日市の場合は、食べ物を経由していません。煙を経由して、目で見るとわかるのです、残念ながら。それで、私も「おかしいなあ、困ったなあ」と思いましたし、他の人たちもそう思ったと思います。しかしながら、法的に見ると、どうしても違法行為はしていない。私もそう思ったし、会社も、他の会社もそう思ったでしょう。実は今日では明らかになっているわけでありますが、煙の濃度とか、水の中の石油分の濃度という、物理量で規制するような法律はなかったので、違法ではなかったのですが、民法で言うところの「過失により、他人の権利を侵害していた」のです。亜硫酸ガスを多く出すと近隣に大きな被害が出るということを、事前に調べて知っていなかったという過失があるのです。また、操業後、被害

を及ぼしていないかと注意深く見つめていなかった。そして被害を出したんだ
という過失があります。こういうことで、納得しております。

　もしそのとき、明治以来の公害の歴史、たとえば足尾とか別子の銅の精錬に
よる亜硫酸ガスによる被害が、関係者の頭に置かれていたら、と思うのです。
私の見た、戦中戦後の教育にはなかったわけではありません。しかしこれは、
歴史的なおぼろげな話で、工学や産業の関連として受け止めてはいなかったの
です。保健衛生の概念はもちろんありましたが、環境の大切さというものを、
それぞれが自覚するような教育はありませんでした。

　一方、会社により、また、人により違いはあったと思いますが、「この操業
は日本に必要なことであり、政府や地方行政からも求められていることであ
る。しかも、このエネルギーというものは、経済のコメであり、社会のコメで
ある。必要なのだがなあ」という思いもありました。

　「やがて、政府や地方自治体、三重県や四日市市が、企業と住民の間に立っ
て、解決してくれるのではないか」と思ったこともあります。

　会社の内部でもできる限りの改善の努力は、昭和35、36年ごろの問題発生
以来開始されていました。一つは、あまり世間には言われていないのですが、
なるべく硫黄を少ししか含んでいない原油を買う努力をしました。中東の原油
は非常に硫黄が多いのですが、インドネシアやボルネオの原油は硫黄が非常に
少ないので、それ（硫黄の少ない原油）を買う努力をしたのですが、如何せん、
量が限られていることが一つ。もう一つは、非常に値段が高い。当時、石油会
社には各会社にこれだけの外貨を使ってもよろしいという、「外貨割当制」と
いうのがありました。そうしますと、需要がものすごい勢いで伸びた時代です
から、志向はどうしても、量を求めて単価の安い高硫黄原油のほうに向きまし
た。一方、当時は、煙突を高くするとよい、つまり、遠くへ飛ぶから1ヶ所の
濃度は薄くなるということで、さっそくそれを始めました。中部電力は一番早
くて、昭和40（1965）年にすでに120メートルの煙突を建てております。我々
も一生懸命建てました。しかしながら、本格的には脱硫設備が必要なのでした。

　このように、石油からの脱硫設備ですが、ロイヤル・ダッチ・シェル石油、
すなわち我々の親会社はかねてアムステルダム研究所で開発を進めておりまし

た。この特許がアメリカで取れたのが昭和36、37年です。特許取得から実現するまでには、どうしてもやはり、10年やそこらの時間がかかるのです。したがいまして、昭和40年代になって、日本の脱硫装置も勢いがついてきて、このように亜硫酸ガスを下げることができたわけです。

現在、当時を振り返って、公害が顕在化し始めたときに、「どのような対応を取れればベストだったのか」と考えることがあります。やはりあのとき、企業側が身構えてしまったのは間違いであったかなと思っております。身構えないで、率直に「実はこういうことで困っておる。何かうまい方法はないですかね」という態度で、被告側が役所に話をしたり住民に話をする。今後、仮にこんなことがあった場合の、ものの処し方の一つではないかと思っております。

4. 今、思うこと

今、思っておることを申し上げます。産業界には、裁判以来、環境の大切さというものが五臓六腑にしみ込んでまいりました。すなわち、裁判のときを契機として、「やはり環境を無視した企業は成立しないぞ」ということで、以来、制度も整え始めましたし、技術も急速な進歩を遂げています。ただ、今後絶対に間違いがないかと言うと、個人というものは弱いものですし、また、それぞれの組織というものも決して強いものではありません。自己防衛本能というものは、どうしてもあります。その組織の中で、個人が正論を吐くことができるかというのが問題です。これは、非常に人間の本質的な問題ではないかと、私は思っております。そこをどう解決するかというのは、まさに決断まで含めた、環境の大事なポイントではないかと思っております。

それから、明治以来の産業公害を、一つの学問体系として立ててほしかったと思います。昔は「環境学」とか「公害学」というものはありませんでした。もしあれば、たとえば、学校を卒業するまでの間に、2時間や3時間の講義を受けたかもしれません。それが、あるかないかは、大きな違いです。

また、人は自分のやっていることが最重要と考えがちです。私どもも、そう思います。しかし常に、「光の部分と陰の部分があるのだということ。表流水

があれば、その裏には伏流水が流れている。今やっていることは、やがて時間が経ったらどういう結果になるのだ」というように、歴史的な目でものを見て、アクションをとることをあまりおろそかにしてはならないという気がしています。

科学による進歩には常に功と罪があります。たとえば、先日田舎へ電話をかけまして「スミチオンやDDTがなくなってどうしているのか」と尋ねたところ、田舎の人たちは「大問題なんですよ。それでいい人もいるのでしょうが、我々は手がかかってどうしようもない」とか言うわけです。だから、やはり、スミチオンもDDTもそれなりの意味があるということを考えますと、これから環境と技術のどこで調和をとるのかというのは、「こっちがよくてこっちが絶対悪い」ということを言わないでやるということ、それはこれからの環境問題の大切なポイントではないかと思っております。

5．次世代への期待

最後に、環境問題にこれから関わる人々、たぶん、ここにおいでの若い皆さん方は、環境に大きな関わりをお持ちになるのではと思うのですが、そこで私は、考えてきました。一つは地球の無機質の部分は非常に回復しやすいそうです。だけど、有機、すなわち生態系に関わるところは大変難しい。イギリス人と一緒に旅行したときに、しみじみと彼が私に言うのです。「イギリスには森林がない。昔、製鉄に木炭を使っていたので、そのころ森林を伐採し、みんな製鉄に使ってしまった。日本にはそのころ、製鉄がなくてよかったね」と。それほどイギリスでは、木を植えても森林が回復しないのです。ただし、「無機質というものは、たとえば山崩れだとかそういうものは、地球の生成以来、何億年に何回も繰り返していますから、そう怖いことはない」と言っておりました。今日は、一度それをお話ししておこうと思いました。

次に、エネルギーと環境というのは、大変関わりがあります。今、CO_2がいかんと言っておりますが、確かにそのとおりだと思うのですけれども、石油・石炭をやめたらどうするのかという問題が、いまだに決まっておりませ

ん。これから環境問題に携わる人たちの、基本的な心の持ち方として、「冷静」「やさしい心」、やさしい心というのは、いわゆる商品の「地球にやさしい、環境にやさしい」ではなくて、「やさしい心根」です。ぜひそれを持ってやっていただきたいと思います。有難うございました。

（2001年6月9日に開催された名古屋大学環境学研究科
第1回シンポジウム「四日市公害」報告書より転載）

コラム③

四日市公害の克服と国連持続可能な
開発目標（SDGs）、未来都市四日市創生

朴　恵淑（三重大学人文学部・地域イノベーション学研究科教授）

1. 四日市公害から学ぶ「四日市学（YOKKAICHI Studies）」

　四日市公害から学ぶ「四日市学」は、1970年代の日本の高度経済成長期を
支えた1960年代の四日市コンビナートからの大気汚染による四日市ぜんそく
によって住民の命が犠牲となり、伊勢湾の水質汚濁が加わり、海と陸の生態系
が破壊された四日市公害の過去を知り、現在を見直し、未来像を提案するた
めの学問横断的総合環境学である。また、地域に根ざし、世界へ通用するグ
ローカル人材育成のため、ユネスコが推進している持続可能な開発のための教
育（ESD）の有効なツールとなる環境教育学である。さらに、2015年9月の国
連サミットで採択され、2030年までに全世界が取り組むべき17の目標からな
る国連持続可能な開発目標（SDGs）を基本軸とする、環境・経済・社会との調
和からなる持続可能な地域創生を図るための科学的知見を行う認識共同体のプ
ラットフォームでもある。

　1870年代の足尾銅山の公害事件に端を発し、1960年代の水俣病・イタイイ
タイ病・新潟水俣病・四日市ぜんそくの4大公害を経験しながら、2011年の
東日本大震災に伴う福島原子力発電所事故による被害は、怠った備えに基づく
安全神話はもろくも崩壊することを私たちにわからせた人災であったが、後を
絶たず起きることには共通の要因が挙げられる。科学技術への過信、国策と企
業の利益追求優先、社会的に弱い立場の住民を守る意識の稀薄さなどが考えら
れることから、環境正義に基づいた価値観の確立や持続可能な社会を創ること
が必要不可欠である。

　足尾銅山の鉱毒事件を告発・追及した田中正造翁の「真の文明は　山を荒ら
さず　川を荒らさず　村を破らず　人を殺さざるべし」を真摯に受け止める時
期に来ている。四日市ぜんそくの認定患者であり、四日市公害訴訟の原告側の

故野田之一氏（四日市公害訴訟原告・語り部）　　故澤井余志郎氏（四日市公害の記録者・語り部）

後藤一男氏（四日市公害訴訟裁判官）　　故吉田克己氏（旧三重県立大学教授）

写真1　四日市公害関係者（筆者撮影）

故野田之一氏は、「四日市学」において一貫して学生たちに語った。「四日市市は、四日市コンビナートの誘致によって結局は損した。四日市公害判決が出た1972年7月24日には、皆さんにありがとう！が言えなかった。四日市コンビナートに本来の自然が戻り、皆が環境の大切さに気づいてくれるときに、本当にありがとう！と言いたい。ただ、四日市公害関係者が高齢となり、私も80歳を超えたことから、そろそろ言わないといけないと思う。皆さんに聞きたい。私がありがとう！と言えるときはいつになるのでしょうか」(2012年7月)。また、四日市公害の写真や資料を記録していた故澤井余志郎氏は、故野田之一氏とともに、「公害問題は科学と数字だけでは説明しきれない。四日市公害を簡単に言うと、臭い魚、ぜんそく、自然と環境の破壊の3つになる。四日市公害において、私は、語り部、生き証人、便利屋などと呼ばれている。なんで公害にこだわってしんどい語り部を続けるかという問いに、かつて紡績工場で女子工員たちとやっていた生活記録運動がなかったら今の自分は存在しないと思うし、生活記録活動を通じて私は人間として成長できた」(2012年7月)と振り返っていた（写真1）。

四日市公害裁判を担当した3人の裁判官のうち、唯一の生存者である後藤一男・元裁判官は、「裁判官は判決文にてものを申す」と言いながらも「正直、四日市公害訴訟が一審で確定されるとは思えなく、あの裁判は最高裁までいくと思った。そのためにもしっかりした判決文を書かなければという信念があった。当時、私には3歳と5歳の子どもがいて、これ以上汚れた環境を残したくないといった思いがあった」と振り返っていた（2004年6月、仙台にてインタビュー）。故米本清・元裁判長は、「4大公害裁判では、四日市は最初でなく、富山のイタイイタイ病の判決が先だった。半年遅れて判決の出た四日市公害は、大気汚染によって人体に被害が出た公害であった。過失が複数で、他の例がなかったので、我々の頭ではなかなか判断できない難しい事件をやらされて弱ったのですが、それがよかったのか、悪かったのかは、判決した以上裁判官は弁解せずです」（米本1991）と語っていた。米本元裁判長の長女の乾てい子弁護士は、「四日市公害裁判は、父が定年を前にして心血を注いだ裁判でありましたが、家に帰ってから沢山の書物に囲まれて勉強している姿を見守っている日々でした」と思い出を振り返っていた（2012年3月、名古屋にてインタビュー）。

　四日市公害の判決は、疫学的因果関係と共同不法行為論のような公害裁判の課題について、被害住民からの請求を受け入れ、企業の法的責任を認めた点において、画期的な判決であったと評価できる。まず、企業の加害行為と住民の被害因果関係を立証する手法として疫学的因果関係論を採用したことに大きな意義があった。次に、個々の企業ではなく、四日市コンビナートを形成する企業群に対して損害賠償の連帯責任を認めていること、つまり、結果に対して責任は免れないことを定着させた最も大きな成果をあげた裁判であった。四日市公害の判決は、企業の総量規制および公害健康被害補償法の制定につながり、日本の公害対策が本格的に実施されるターニング・ポイントとなった。

　熊本学園大学の故原田正純教授は、「水俣病は、一地方の気の毒な特異な事件ではなく、私たちの周りにある事件で、それを見つけるのが水俣学である。地域の問題を地域の研究者と地域住民が共同して問題点を明らかにし、対策を模索することは地域の自立・自治の問題そのものである。全国的に地域に根ざ

した地域学が広がることを期待している。その意味では、『四日市学』が、地域に根ざし、負の遺産を世界に発信する重要な学となる」とエールを送っていた（2005年7月、熊本でのインタビュー）。三重大学の前身である三重県立大学の公衆衛生学教授であった故吉田克己教授は、「四日市公害は、私にとって半生を捧げた事件で、数多くの思い出がある。四日市公害の始まりからその最盛期、公害訴訟に原告側証人として出廷して数多くの被告側の反対尋問に答えたことなどよく覚えている。また勝訴判決をいただいたとき、皆さま方とともに大喜びをした記憶は現在も強く思い起こすことができる。四日市公害のような悲惨な事件が起きないよう、これまでの経験が活かされますよう、関係の皆さまに頑張っていただきたいと思う」と強い思いを寄せていた（2012年7月、岐阜にてインタビュー）。四日市公害の被害を直接受けた人や四日市公害に生涯を通じて関わった人たちだからこそ、倫理観や信念に満ちた選択が後世に絶大的な影響を及ぼすことがわかる。

　「四日市学（YOKKAICHI Studies）」は、次の4つの側面からアプローチできる学問である。①四日市公害は解決済みの過去の問題ではなく、現在進行形として存在している環境問題であり、命の尊厳や自然は誰のものかを問う「人間学（Human Science）」である、②過去の公害から未来の環境保全都市へ転換を図るため、環境と経済との調和を図る持続可能な社会システムを提案する「持続可能な未来学（Sustainable Science）」である、③四日市公害を経験していない次世代への「ユネスコ持続可能な開発のための教育（ESD: Education for Sustainable Development）」と「国連持続可能な開発目標（SDGs: Sustainable Development Goals）」実践のツールである、④環境の世紀・アジアの世紀と言われる21世紀において、アジア諸国の大規模産業団地で見られる、かつての日本の4大公害の複合型とも言える公害・環境問題において、四日市公害の教訓を活かした国際環境協力を行う「アジア学（Asian Science）」である（図1）。

（1）人間学としての「四日市学」

　公害の被害者が社会的に弱い立場にある場合は、全体的な公益性優先政策によりほとんど守られず、公害問題は公共性（公益性）をめぐる国のあり方に大

図1　四日市公害から学ぶ「四日市学」

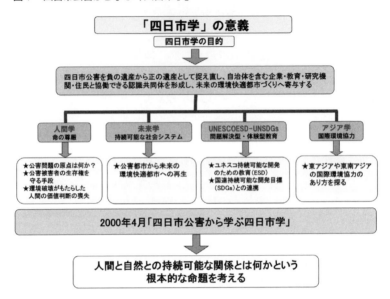

きく関係している。社会的弱者である被害者の地域住民と加害者である企業との不均衡、または不正義な社会システムから被害者の生存権を守る試みとして、四日市公害問題の環境倫理（正義）的考察を行う。成熟した市民社会による市民ガバナンスが行われ、企業の社会的責任（CSR）を果たすだけでなく、新たな共通の価値を生み出す（CSV）、行政の適正な環境政策との三位一体の体制によって人間を含む生態系が守られ、四日市公害の教訓を活かした世界一の環境先進都市、四日市市が構築できる。

(2) 持続可能な未来学としての「四日市学」
　大気汚染のメカニズムを解明するための気象・気候学、地形学、GIS（地理情報システム）などの自然科学および人間を含む生態系への大気汚染による影響を探る公衆衛生学、生物学、大気汚染規制の効果的な環境対策、環境と経済とのバランスの上に成り立つ産業や企業の取り組み、ライフスタイルの改善、

環境教育の充実など、学際的・総合環境学的な取り組みが行われる。国連持続可能な開発目標（SDGs）の17の目標は、四日市公害の教訓を活かした持続可能な地域（四日市市）創生のために必要不可欠なツールとなる。四日市コンビナートの老朽化とともにコンビナート時代の終焉を告げるときに、四日市がどのように再生するのかを提案できる学問である。東日本大震災によって、災害の脅威、防災教育の必要性、命の尊厳、絆の大切さ、省エネと太陽光や風力などの再生可能エネルギーへの転換、グリーン産業の推進など、震災から学ぶことは多くある。埋め立て地の臨海部に立地する石油コンビナートにおいて、液状化、石油タンクの炎上やガス・石油の漏洩などへの防止策が急務となる。四日市コンビナートにおいて、東海・東南海・南海の3連動地震（南海トラフによる巨大地震）が発生する場合、東日本大震災に匹敵する、あるいはそれ以上の地震による四日市の沿岸部全域に甚大な被害を及ぼす可能性がきわめて高いと予測されている。四日市コンビナートは、ソフトおよびハード面での莫大な経費問題の難題を抱えながらも、事業者と行政との連携によって、持続可能な未来社会づくりに真剣に取り組むことが求められている。

(3) ユネスコ持続可能な開発のための教育（ESD）と国連持続可能な開発目標（SDGs）実践のツールとしての「四日市学」

「四日市学」は、四日市公害の教訓から学び、ユネスコが推進している持続可能な開発のための教育（ESD）および国連持続可能な開発目標（SDGs）との連携によって、四日市公害を過去の負の遺産ではなく、未来の正の資産として捉え、四日市（三重）からアジアへ、世界に通用できるグローカル環境人材育成の有効なツールとなる。

2016年4月に三重県桑名市で開催された「ジュニアサミット in 桑名 2016」（写真2）および5月に開催された「伊勢志摩サミット」との関連活動として、8月の「ポストサミット in 三重 2016」を開催し、世界の13ヶ国210名の中高大学生とともに環境とエネルギー、食と文化、男女共同参画、観光産業、国際ユースネットワークの構築と運営について討論を行った。また、四日市第1コンビナートの対岸である磯津において、当時、四日市公害訴訟の原告側の唯

写真2　ジュニアサミット in 桑名 2016

一の生存者であり、四日市公害の語り部であった野田之一氏との意見交換会を設け、四日市公害の教訓から学ぶ「四日市学」について学んだ。野田氏は、「四日市公害は過去の環境問題ではなく、昔の豊かな漁場だった伊勢湾が戻るまでは現在進行中である環境問題であることを語り、アジアの新興国や発展途上国の大気汚染や水質汚濁によって命が脅かされることが二度と繰り返されないように、若者の国際環境協力が大事である」と力説していた。

(4) アジア学としての「四日市学」

　韓国は、1970年代に経済開発計画によって石油化学工業を基盤とする国家産業団地を臨海部のウルサン・温山、麗水（川）に建設し、発展途上国から先進国へ発展してきたが、1980年代に「温山病」に代表される、4大公害の複合型の公害が発生した。しかし、韓国政府は公害・環境問題を認定せず、国家産業団地での操業が継続され、2000年代に入り、公害地域の住民の集団移住を進めることで問題解決を試みた。ウルサン・温山住民は次のような望郷碑を建てて村を去っていた。「遙か遠い昔から、この地に子々孫々皆仲良く暮らしていたこの地を離れるときがきた。この土地と海に背を向けて、我々は離れなければならない。ああ、どこに行っても、何をしていても、我々の故郷を忘れ

はしない。いつかこの地を再び訪れる人々は、我々のこの深い思いをわかって
くれて、この地を、この海を守ってくれるのだろうか。我々の先祖はこの地を
離れる我々を許し、守ってくれるのだろうか。我々は、この切ない思いをこの
望郷碑に託し、遠くに旅立とうとしている。我々は、国の発展を考える大き
な意志があって、産業化の波に乗ることを決めた。これから、この地が祝福さ
れ、さらなる発展を遂げることを切実に願うだけである。2001 年 4 月　龍淵
郷友会一同」。

　四日市コンビナート周辺の約 1000 名の小学生と韓国のウルサン・温山、麗
水（川）国家産業団地周辺の約 2000 名の小学生を対象とした、居住地域とぜ
んそくとの相関関係を調べた上野・朴（2004）の研究によると、両国ともに工
業団地周辺の児童ほどぜんそくの割合が高い傾向を示していた。とくに、韓国
の産業団地周辺に居住する児童のうち、約 30％がぜんそくの症状を示し、四
日市ぜんそくのときと同様に、小児ぜんそくに対する対策が急務であることが
明らかになった。

　中国の北京や上海などの大都市および工場地域での大気汚染、重金属による
土壌汚染や地下水汚染は非常に深刻で、住民の健康被害が懸念されている。湖
南省、遼寧省、吉林省、内モンゴル自治区などでは、4 大公害の複合型の公
害・環境問題が深刻である。中国、北朝鮮、極東ロシアとの国境地域を流れる
豆満江は、戦前のパルプ工場からの工場排水や、北朝鮮の武山鉄鋼山からの重
金属汚染によって、住民の半数以上に健康被害が及んでいるが、正確な状況は
発表されていない。また、地球温暖化問題に伴う砂漠化による黄砂および、産
業活動や自動車の急増に伴う PM2.5 など、越境性大気汚染による経済被害や
健康被害は、中国だけでなく、偏西風によって韓国や日本にまで影響が及ぶな
ど、国際環境問題が顕在化している。

　モンゴルの首都ウランバートル周辺の大気汚染、土壌汚染、地下水汚染も深
刻で、ウランバートルの中心を流れるツール川は、工業用水や生活排水などの
影響によって重金属の値が非常に高く、たとえば、亜鉛は日本の水道法で定め
られている基準の 2 ～ 7 倍以上の値を示す場所が多く見られ、魚の大量死の要
因となっている。

写真3　四日市公害と環境未来館

極東ロシアのハバロフスクのアムール川は、発源地の中国の黄河上流から中国大陸を横断してハバロフスク、ウラジオストクを経由し、オホーツク海へ流れる国際河川であるが、中国の化学工場などからの水質汚濁によって上水道源としての役割を担えず、シベリアからの給水に頼るなど、国際水環境紛争が懸念されている。アジアの国際環境問題の解決に、四日市公害の克服のノウハウを活かし、国際環境協力レジームの形成にリーダーシップを発揮することが期待できる。

日本の4大公害の発生地において、最後となる「四日市公害と環境未来館」が2015年3月に開館された。四日市ぜんそくのような公害・環境問題を二度と繰り返さないためにも、四日市公害と環境未来館は、四日市公害のプラットフォームとして、過去の貴重な記録の保存や可視化の場であると同時に、ESDおよびSDGs実践の場や語り部の活動の場となる。また、四日市市のみならず、世界において経済成長の著しい新興国や発展途上国が同じ過ちを犯さないためにも、情報発信の拠点や学びの場となる。四日市公害と環境未来館には、次のような役割と機能が期待される。①市民・学校・企業・行政との連携を図りながら、市民主導の施設として運営されること、②四日市公害を学び、そのノウハウを活かして世界一の環境先進都市形成に役立つ施設であること、③国際環境協力のメッカとなるべく、国内外へ情報を発信し、常に成長する施設であること（写真3）。

2．ユネスコ持続可能な開発のための教育（ESD: Education for Sustainable Development）

　大気汚染、水質汚濁、気候変動（地球温暖化）、災害など地域・地球規模の環境問題が顕在化する中、持続可能な社会の構築に向けた取り組みが世界各国の優先的政策となっている。持続可能な開発のための教育（ESD）は、2002 年 8 月のヨハネスブルグ地球サミット（持続可能な開発に関する世界首脳会議）において日本政府から提案され、同年の国連第 57 回総会において、2005 ～ 2014 年を国連 ESD の 10 年とし、ユネスコが主導機関に指名された。2005 年の国連総会にて、国連 ESD の 10 年国際実践計画をユネスコにて策定し、持続可能な開発の原則、価値観、実践を教育と学習のあらゆる側面に盛り込むことが承認された。

　ESD の目標は、地球規模の課題を自分のこととして捉え、身近な環境問題から取り組むことにより、環境問題の解決につながる新たな価値観や行動を生み出すことによって、持続可能な社会の創生を目指す学習や活動である。ESD は、持続可能な社会づくりの担い手を育む教育として、基本的な考え方は環境・経済・社会の統合的な発展のため、関連する多岐にわたる分野を持続可能な社会構築の観点からつなげ、総合的に取り組む学習である。単に知識の伝達にとどまらず、体験・体感を重視する参加型アプローチをとることが求められている。ESD の 8 分野の学習は、①環境学習、②エネルギー学習、③防災学習、④生物多様性学習、⑤気候変動（地球温暖化）学習、⑥国際理解学習、⑦世界遺産や地域の文化財に関する学習、⑧その他関連する学習となる（図 2）。

　2014 年 11 月に愛知・名古屋において、ESD に関するユネスコ世界会議が開催された。世界 153 国・地域から政府関係者、国連機関、研究者、学校関係者、NPO などの ESD 実践者が集まり、「あいち・なごや宣言」が行われ、2015 年以降の ESD に関するグローバル・アクション・プログラム（GAP）の開始が正式に発表された。ESD に関する GAP は、あらゆる分野における ESD 活動の創生、拡大を通じて、持続可能な開発に向けて教育の強化、再構築することを目的に、ユネスコが主導機関となって推進することとなってい

―― コラム③　四日市公害の克服と国連持続可能な開発目標（SDGs）、未来都市四日市創生　　*103*

図2　ユネスコ持続可能な開発のための教育（ESD）

る。

　ESDに関するGAPの優先行動の5分野は、①政策的支援：実施とリンクした政策環境を整える、②機関包括型アプローチ：教授内容や方法論だけでなく、持続可能な開発に則したキャンパスや施設管理において求められるアプローチ、③教育者：ESD学習のファシリテーターとなるよう教育者、トレーナー、その他の進める人の能力を強化する、④ユース：ESDを通じて変革を起こす役割担うユースを支援、⑤ローカルコミュニティ：効率的、イノベーティブな解決策の源泉である地域レベルにおける行動促進のためのESDの最大限の活用となる。

　ESDに関するGAPは、大学や地域の役割について積極的なアプローチをしている点に注目する必要がある。これまでの学校教育におけるESDの位置づけは、幼稚園、小中高校、特別支援学校の学習指導要領に明記され、各学校において実施されていた。しかし、ESDに関するGAPによって、就学前・初等・中等教育機関と高等教育機関との連携、関係省庁と地域コミュニティとの

連携による ESD の発展的展開に関する戦略的取り組みが明確になった。

3．国連持続可能な開発目標（SDGs: Sustainable Development Goals）

　持続可能な開発目標（SDGs）は、2015 年 9 月の国連持続可能な開発サミットにおいて全会一致で採択された、2016 〜 2030 年までに発展途上国、新興国および先進国のすべての国が取り組む国際的な目標である。持続可能な開発目標（SDGs）は、「誰一人取り残さない――No one will be left behind」を理念として、国際社会が持続可能な社会を実現するための重要な指針となり、行政・企業・学校・市民などすべてのステークホルダーが連携するグローバル・パートナーシップが求められている。SDGs は、2000 年 9 月のミレニアムサミットで採択された、2015 年までに達成すべき目標として 8 のゴールと 21 のターゲットからなるミレニアム開発目標（MDGs）の継承となるが、MDGs を超える領域、分野を網羅している。

　SDGs は、持続可能な開発の重要な要素として、5 つの P、「人間：People」「地球：Planet」「繁栄：Prosperity」「平和：Peace」「パートナーシップ：Partnership」を挙げている。SDGs は、持続可能な世界を実現するため、次の 17 の目標および 169 のターゲットから構成されている（図 3）。

・目標 1：貧困をなくそう
・目標 2：飢餓をゼロに
・目標 3：すべての人に健康と福祉を
・目標 4：質の高い教育をみんなに
・目標 5：ジェンダー平等を実現しよう
・目標 6：安全な水とトイレを世界中に
・目標 7：エネルギーをみんなにそしてクリーンに
・目標 8：働きがいも経済成長も
・目標 9：産業と技術革新の基盤をつくろう
・目標 10：人や国の不平等をなくそう
・目標 11：住み続けられるまちづくりを

―― コラム③　四日市公害の克服と国連持続可能な開発目標（SDGs）、未来都市四日市創生

図3　国連持続可能な開発目標（SDGs）

- 目標12：つくる責任つかう責任
- 目標13：気候変動に具体的な対策を
- 目標14：海の豊かさを守ろう
- 目標15：陸の豊かさも守ろう
- 目標16：平和と公正をすべての人に
- 目標17：パートナーシップで目標を達成しよう

　SDGsの目標4については、「すべての人に包摂的かつ公正な質の高い教育を確保し、生涯教育の機会を促進する」と教育に特化した目標で、10のターゲットからなる。このうち、ターゲット4.7では、次のようにESDも位置づけられている。2030年までに、持続可能な開発のための教育（ESD）および持続可能なライフスタイル、人権、男女平等、平和および非暴力的文化の推進、グローバル・シチズンシップ、文化多様性と文化の持続可能な開発への貢献の理解教育を通じて、すべての学習者が持続可能な開発を促進するために必要な知識および技能を習得できるようにする。このように、教育については、教

育がすべての SDGs の基礎であり、すべての SDGs が教育に期待することがわかる。ESD を通じて持続可能な社会の担い手づくりが可能となることから、SDGs の 17 すべての目標達成のために、ESD-SDGs の連携が必要不可欠となる。

　日本政府は、2016 年 5 月に総理大臣を本部長とする、SDGs 推進本部を設立し、同年 12 月に SDGs 実施指針を公表している。2017 年 12 月に、第 1 回ジャパン SDGs アワードの開催および SDGs アクションプラン 2018 を公表し、官民による SDG の重要な取り組みを発信している。とくに、2020 年の東京オリンピック・パラリンピックにおいて、日本の SDGs モデルを世界に発信していく予定である。

　経団連では、2017 年に「経団連企業行動憲章——持続可能な社会の実現のために」を改定した。また、2018 年にデジタル化を通じた明るい社会の創造という、未来に向けた前向きなコンセプトを日本から世界へ発信していくことを意図して、Society 5.0 の包括提言を策定した。Society 5.0 は、人類社会において、狩猟社会、農耕社会、工業社会、情報社会に続く第 5 段階の課題を解決し、価値を創造する社会として捉えている。目指すべき具体的な社会像を Society 5.0 for SDGs の社会と位置づけている。

　政府は、2018 年 6 月に、SDGs の達成に向けた優れた取り組みを提案する 29 の自治体を SDGs 未来都市として選定しているが、四日市市は、SDGs 未来都市に選定されていない。一方、大気汚染の克服の経験を活かし、産官学民のパートナーシップによる北九州市モデルを世界へ積極的に発信している北九州市は、2018 年に SDGs 未来都市および自治体 SDGs モデル事業に選定され、また、OECD（経済協力開発機構）より SDGs 推進に向けた世界のモデル都市に選定され、さらに、国連ハイレベル政治フォーラムにおいて市長による発表を行うなど、SDGs のトップランナーとして積極的な活動を行っている。四日市市と北九州市は、大気汚染による公害の経験を持つ地域でありながら、SDGs への取り組みに大きな格差が生じている。四日市市は、公害克服のプロセスを把握し、SDGs 未来都市に向けた戦略的アプローチを行うことが求められている。

―― コラム③　四日市公害の克服と国連持続可能な開発目標（SDGs）、未来都市四日市創生　*107*

参考文献：

上野達彦・朴 恵淑編著（2004）『環境快適都市をめざして——四日市公害からの提言』中央
　法規出版，p.342.

朴 恵淑・野中健一（2003）『環境地理学の視座』昭和堂，p.244.

朴 恵淑・上野達彦・山本真吾・妹尾允史（2005）『四日市学——未来をひらく環境学へ』風
　媒社，p.232.

朴 恵淑編（2007）『四日市学講義』風媒社，p.304.

朴 恵淑編（2012）『四日市公害の過去・現在・未来を問う 「四日市学」の挑戦』風媒社，
　p.272.

朴 恵淑編著（2017）『三重学』風媒社，p.359.

朴 恵淑（2018）「四日市公害の現代的再評価とアジアの国際環境協力」『地理』752 号，
　Vol.63（特集「アジアの環境問題と国際環境協力」），古今書院，14-21.

朴 恵淑（2018）「四日市公害の教訓と『四日市学』」『地理』752 号，Vol.63（特集「アジアの
　環境問題と国際環境協力」），古今書院，51-58.

米本ひさ（1991）『追憶米本清 天上大風』光出版印刷，p.159.

『2016 年ジュニア・サミット in 三重 KUWANA's Memorial Book』（2016）ジュニア・サ
　ミット桑名市民会議，p.176.

「ポストサミット in 三重 2016」ユース国際会議～サステイナブルキャンパスアジア国際会議
　サマーセミナー "Post Summit in Mie 2016".

International Youth Conference — Asian Conference on Campus

Sustainability (ACCS) Summer Seminar, 2016.8.6–7, 三重大学, p.117.

第3部

パネルディスカッション
環境共生の歩み：公害、ローマクラブ「成長の限界」、地球環境から、SDGsまで

環境問題は、1960年代のレイチェル・カーソンの合成化学物質による生態系破壊への警告、四日市の大気汚染など公害の時代から、72年のローマクラブによる「成長の限界」、80年代の国連ブルントラント委員会による Sustainable Development の思想へと、局地汚染から地球規模問題へ認識が広がった。その後、90年代の気候変動と生物多様性の国連締約国会議のスタート、2011年の福島原子力発電所事故による放射能汚染被害、そして、国連での SDGs 発効による Sustainability への包括的なアプローチへと、環境問題の新たな問題と枠組みが加わった。ここでは、化学物質と健康、水循環とエコシステム、原子力災害の土壌を通した農業への影響、国連地域開発センターの途上国地域開発と SDGs の視点から、地球環境変化の歴史的流れを多角的に振り返り、今後を展望する。

コーディネータ

林　良嗣　中部大学持続発展・スマートシティ国際研究センター長／ローマクラブ・フルメンバー／四日市海洋少年団 OB

パネリスト

那須民江　中部大学生命健康科学部特任教授／名古屋大学名誉教授（化学物質の環境汚染と健康）

沖　大幹　国際連合大学上級副学長・国際連合事務次長補／東京大学教授（地球水循環とエコシステム）

溝口　勝　東京大学大学院農学生命科学研究科教授（原子力災害からの農業復興）

遠藤和重　国際連合地域開発センター所長（UNCRD の活動：途上国の経済発展、環境汚染、CO_2 から SDGs まで）

第6章

化学物質の環境汚染と健康

那須民江（中部大学生命健康科学部特任教授／名古屋大学名誉教授）

　これまでの話を聞いて、四日市は間違いなく環境モデル都市として世界を先導していけると感じました。私は「環境と健康の調和」をテーマに、基礎科学と疫学（データサイエンス）の両面から研究を行ってきたので、今までの先生方とは異なる観点から、すなわち、「健康」という視点から環境で起きている事象を考えてみました。

1. 「健康」の視点から見た現代社会の「陽」

　まず、現代社会のよいところ、「陽」を見てみたいと思います。多種多様な化学物質が短期間に開発され、現代社会では経済が著しく発展してきました。大量生産・大量消費の時代になり、生活の利便性が向上しました。食生活は食料不足から飽食の時代へと、少なくとも先進国では大きく変わりました。図1は、我が国の平均寿命と健康寿命を示しています。健康の指標である「平均寿命」や「健康寿命」も年々延伸しています。

　しかし、まだまだ両者の差は大きく、健康に寿命を全うできる環境の整った

表1　「健康」の視点から見た現代社会の「陽」

- 大量生産・大量消費
- 利便性
- 飽食
- 経済成長
- 平均寿命の上昇（健康の指標）
- 健康寿命の延伸（健康日本 21〈第二次 2012 〜 2022 年〉）

図1　我が国における平均寿命と健康寿命の推移

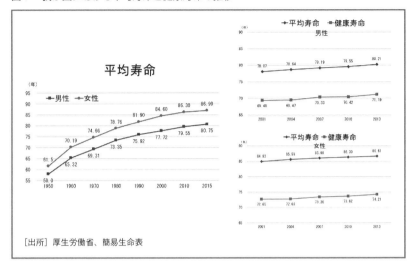

[出所] 厚生労働省、簡易生命表

社会に向けては、あらゆる方面からのさらなる努力が必要です。

2.「健康」の視点から見た現代社会の「陰」

(1) 典型7公害

　一方、マイナスの「陰」は本日の講演でも多く述べられているとおり、人間活動の増大により環境には大きな負荷がかかり、我が国では典型7公害（大気汚染・水質汚濁・土壌の汚染・悪臭・振動・騒音・地盤沈下）のような有害物質の環境汚染が増加したことです。これに伴い、公害病に代表される健康障害が発生し、なかでも水俣病・新潟水俣病・イタイイタイ病・四日市ぜんそくの4大公害病は高度経済成長期の負の遺産と称されています。土呂久ヒ素公害は公害病としてだけでなく職業病としても注視されてきました。

(2) 地球規模の環境問題

　20世紀の終わりには、特定発生源を特徴とする典型7公害のようなエピソードは下火となってきましたが、「オゾン層の破壊」や「地球温暖化」などの地

表2 「健康」の視点から見た現代社会の「陰」

典型7公害	⇒	四大公害病、土呂久ヒ素公害
地球規模の環境問題	⇒	オゾン層の破壊、地球温暖化（熱中症の増加）など
現在直面する環境問題	⇒	プラスチック・マイクロプラスチックによる海洋汚染 アスベスト除去工事に伴う住民の被曝 東京電力福島第一原子力発電所爆発事故による放射能汚染 職業がん・代替物質による健康障害
建材への化学物質使用	⇒	シックハウス・シックビル症候群

図2 日本の年平均気温偏差の経年変化（1898～2018年）

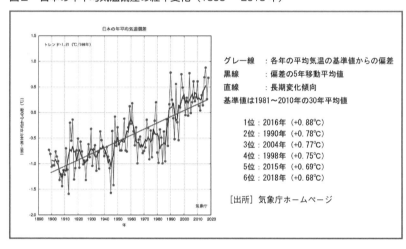

球規模の環境問題が浮上しました。現在、地球上には70億を超える人々が活動しています。その人間活動が原因となって生じたこれらの環境問題への対策は複雑で難しいところです。図2は日本の年平均気温の経年変化を示すものです。気温は高低の変動を繰り返しながら、上昇傾向であることが明白です。四季のメリハリが強かった我が国の気候が崩れかけてきていることは国民全員が感じていることと思います。地球温暖化は京都議定書（1997年）で主原因の二酸化炭素削減目標が提示されましたが、実施されるまでに至りませんでした。2016年にパリ協定で再度削減目標が提案されました。我が国は2030年度までに2013年度比26％削減目標を掲げています。今度こそ実現に向けて、と期待

図3　熱中症による死亡数の年次推移（1994〜2013年）

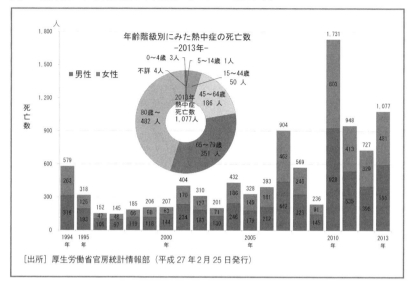

[出所] 厚生労働省官房統計情報部（平成27年2月25日発行）

されています。

　近年、熱中症により病院に搬送されたり、死亡する者が増加の一途をたどっており、地球温暖化が関わっていると言われています。図3は熱中症による死亡数の経年変化を示すものです。死亡者は1990年ごろまでは約200人程度でありました。1994年には約600人、2007年には900人、2010年には1700人と、猛暑の年の死亡者急増が注目されます。どの年齢層においても男性が女性より多く、高年齢者ほど死亡者が多かったのです。すなわち熱中症死亡数の増加は高齢化と切り離して考えることはできませんが、温暖化の影響も大きいと見られ、今後注視していく必要があります。

(3) 最近注視され始めた世界規模の環境問題

　次に、最近急速に注目され外交問題にまで拡大してきたのは、「プラスチック・マイクロプラスチックによる海洋汚染問題」です。プラスチック製品は我々の生活の利便性を高めた「陽」の物質ですが、20年前にもダイオキシンの発生源となり得る物質であるとしてその「負」の側面が注目されました。そ

（出所）厚生労働省官房統計情報部（平成27年2月25日発行）

図4　プラスチックのリサイクルフロー図（2016年）

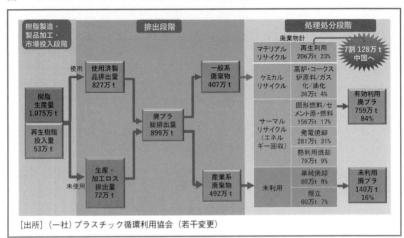

［出所］（一社）プラスチック循環利用協会（若干変更）

の後、素材に使用される化学物質の改良や焼却方法（焼却温度）の改善によって、問題は解決したかのように見られたのです。しかし、それは今や想定外の様相を呈しており、沿岸には自国から廃棄されたプラスチックのみならず、外国から漂流してきたものまで押し寄せているのが現状です。しかもプラスチックは粉砕されマイクロプラスチックと化し、PCB（ポリ塩化ビフェニル）など有害化学物質を吸着していることが問題をさらに深刻化させています。まさに世界規模の環境汚染物質であるとの認識が高まっています。20年、30年後は魚が食べられなくなるという指摘もあり、対策を講じることが喫緊の課題として浮上しています。

　図4はプラスチックのリサイクルフロー図です。私たちの一般家庭で分別収集された廃プラスチックは、マテリアル、ケミカル、サーマルリサイクルおよびその他に分別されます。マテリアルリサイクルのうち7割は海外に輸出され、その輸出先のほとんどが中国でした。しかし2018年1月に中国からマテリアルリサイクルの廃プラスチック輸入中止が発表されました。行き場を失った廃プラスチックは国内に滞留しており、国内でマテリアルリサイクルしていく必要が出てきました。

（4）現在直面するその他の課題

　最後に、その他の現在直面する課題を挙げます。建築物等に使用されているアスベストは 2012 年に全面使用禁止となりましたが、最近、建物解体や除去工事に伴う飛散による幼稚園児や市民への曝露事故が報告されています。現在はアスベストの健康リスク評価方法が確立されているので、事故発生を放置することなく、原因を明らかにし、健康リスク評価を行い、管理方法を確立させたうえで、被曝者の健康状態を長期的に観察していくプロセスが推奨されます。また、1,2 - クロロプロパンによる胆管がん、オルト - トルイジンやモカ（3,3' - ジクロロ - 4,4' - ジアミノジフェニルメタン）による膀胱がんの発生が報告されています。一般に、がんは化学物質曝露から長い年月を経て発症するため、退職後に発症する場合もあり、健康管理は難しいですが、その必要性は大きいのです。

　化学物質の被曝露者に対してだけではなく、次世代への影響も重要です。DOHaD と称されている問題で、胎生期や幼少期に受けた化学物質曝露の影響が成人期以降の健康障害として現れるという説です。現世代だけでなく次の世代の健康影響も視野に入れ、リスク評価やリスク管理を考えていくべきと思います。

　2015 年 9 月に国連サミットで採択された「持続可能な開発目標（SDGs）」は、国連に加盟している 193 ヶ国が 2016 ～ 30 年の間で、貧困、環境汚染、健康と福祉、経済など 17 項目について達成することを目標として挙げたものです。達成のためには、官・民・科学者・企業が協力して取り組む必要があります。我が国には、「公害」という負の遺産を教訓として学んだことを、学問の壁を取り払い、達成目標に入れた行動計画を公にする責務があります。これに関しては、2019 年 2 月 3 日に「公害病認定から半世紀経過した今、わたくしたちが考えること——持続可能な開発目標 SGDs の達成に向けて」、また、5 月 25 日に「有害物質の環境循環と健康——持続可能な開発目標 12　つくる責任とつかう責任をめぐって」と題して、日本学術会議と日本衛生学会および日本産業衛生学会がそれぞれ共催シンポジウムを行いました。その内容は『学術の動向』2019 年 10 月号に掲載されているので、参照いただきたいと思います。

3．現代社会の「陰」の要因を探る

(1) 短期間に多くの化学物質を作り出した

さて、ここまで現代社会の「陰」の面を述べました。次はなぜ「陰」の側面が発生したのかについて考えたいと思います。第一に「短期間に多くの有害化学物質を開発し、地球に負荷をかけた」点です。先ほど野中様から、「地球は生命だ」という話がありました（第1部、記念講演）。その地球の歴史の中できわめて短時間に人口増加を遂げ、多くの有害物質を短時間で合成してきたことが挙げられます。

これは「地球1年カレンダー」という考え方で、地球上に生命が誕生したのを1月1日の早朝、現在を12月31日の深夜と考えると、農耕、文明社会が始まったのは12月31日の午後11時59分で、産業革命が起きて、さまざまな有害物質を作り始めたのは31日の午後11時59分58秒ということになります（図5）。私たちはたった2秒間に大量の化学物質（CAS登録番号では1億件を超えた）を作り出したということになります。地球という生命体に負荷がかかりすぎ、自己調節システムのバランスが崩れかけているのが「現代社会」の現実かもしれません。

図5　地球1年カレンダーから見た化学物質の開発

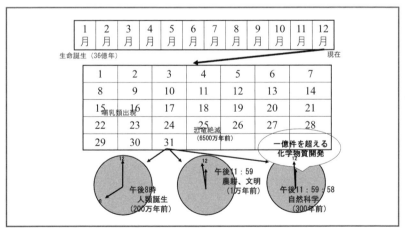

(2) 生態毒性学の欠如

2番目に生態毒性学の欠如が挙げられます（図6）。生態系の仕組みを考えずに化学物質の開発と濫用を行った結果、ヒトへの健康影響が出てきたと考えられます。フロンはヒトの体に吸収されにくく、しかも燃えにくいため、夢の化学物質として冷蔵庫などの冷媒として使用されました。しかし、オゾン層を破壊し、間接的にヒトに害を及ぼす可能性が明らかとなりました。オゾン層の破壊に結びつく特定フロンがいけないということで、代替フロン（1,1-ジクロ

図6　生態毒性学の欠如

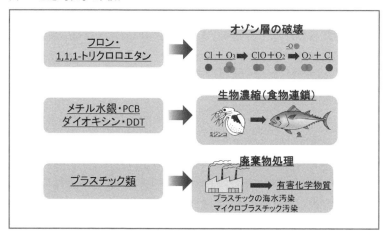

図7　特定フロンCFCから代替フロンHCFCへ

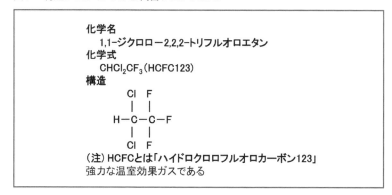

ロ-2,2,2-トリフルオロエタン）が登場しました（図7）。これは環境に優しいということで市場に出回りましたが、肝障害を引き起こすことがのちに明らかとなりました。健康には優しくなかったのです。しかもこれは強力な温室効果ガスであるということが明らかとなり、今はまたその代替物質に代わってきています。

また、メチル水銀・PCB・DDT等の化学物質が生態系の食物連鎖を通じて高等生物に生物濃縮されることが明らかになったのは、これらの物質が使用されたり、環境に排出されたはるか後のことでした。工場から排出されたメチル水銀が濃縮された魚が原因となって水俣病が発生したことは有名です。同様に、プラスチック類においても、開発時にその適正廃棄処理やリサイクル方法を策定しておく措置がなされなかったために、ダイオキシンの発生や最近注目されている海洋汚染が生じているのです。

(3) 分子生物毒性学の欠如

3番目として、人間の体の仕組みを考えた化学物質の開発がされてこなかったことを挙げたいと思います（図8）。すなわち人間の体のことを研究している人と、ものづくりの人がまったく独立して研究開発を行ってきたことです。

私たちの身体の中には、生体防御蛋白（シトクロムP450など）があります。

図8　分子生物毒性学の欠如

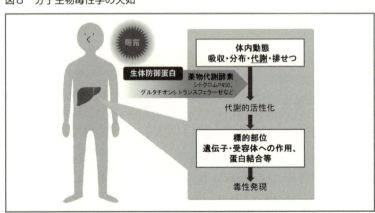

脂溶性の化学物質はこのタンパク質の作用により、より水溶性の高い物質に代謝され、排せつされます。しかし化学物質によっては代謝過程で活性物質に変わり、生体の高分子タンパクや（核内）受容体や遺伝子に作用して毒性を発揮します。とくに発がん性を持っている化学物質には生体内で代謝的活性化されるものが多いのです。したがって、新しい化学物質開発の際にはあらかじめ体内での動態（吸収・分布・代謝・排せつ）を明らかにして毒性影響を評価しておくことが肝要です。

第7章

地球水循環とエコシステム

沖　大幹（国際連合大学上級副学長・国際連合事務次長補／東京大学教授）

1. 水と生命、人権、教育

　まずは、水の話から始めたいと思います。図1は西アフリカのマリという国で撮った写真です。写真の場所は雨季には池なのですが、乾季には干上がるので、そこに素掘りの井戸を掘って、そこから取った水がこの泥混じりの水で、それをこの子どもは飲んでいます。大丈夫なのかなと不安に感じるのですけれども、水質検査をしてみると一応、WHO（世界保健機関）の水道水質基準は、濁度以外はクリアしている。自然のろ過によって、この井戸の中の水はまあ安全なんですが、本当は寄生虫の問題もあって、そういう適切な飲料水を使えて

図1　仮設井戸で水を飲む子ども（マリ、ドロ村にて、2010年5月）

図2 水系感染症、乳児死亡率、上水道普及率の推移

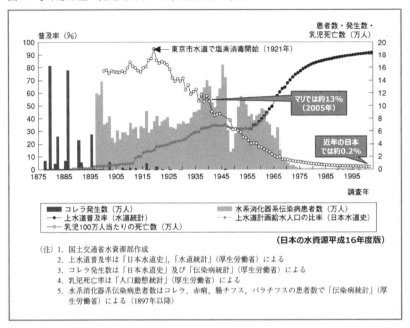

いない人たちが世界73億人の中にまだ8億人あまりいる。そして、きれいな水さえあれば死なずに済んだ人たちが年間約50万人いる、というのが世界的な実態です。

途上国は大変だなと思うわけですが、林先生はお話の中で、「日本も途上国だった、僕の子どものころは途上国だった」とおっしゃいました。図2は明治以来、20世紀の終わりまでの推移を示していて、棒グラフがコレラなどの水系感染症です。それに対して、白抜きの丸の折れ線グラフが100万人当たりの死亡数で、乳児の死亡率と思っていただければいいですが、100年前はなんと20％近い。乳児というのは1歳未満の赤ん坊という定義ですので、100年前は、10人生まれたら1歳になるまでに2人死んでいたんですね、日本でも。で、それがよくなったのが、上水道のおかげだと。このグラフを作ったのが旧国土庁の水資源部なので、そういうことをアピールしたいわけですが、もちろんそれは日本の経済的な発展だとか、医学の進歩だとか、公衆衛生の普及だとか社

図3　水を運ぶ少年（マリ、ゴロンボ村にて、2010年5月）

会のいろんな力が強くなって、今や1000人中2人しか亡くならないような世の中になったのです。現在では1歳になる前に亡くなったなんて聞くと非常に心が痛むわけですが、100年前、私の曾祖父の世代には、兄弟が10人以上いるわけですね。それはもうたくさん産んで何人かは成人しないで死ぬのが前提でした。戦争もありますし、元気な人だけ生き残っているので、今の老人は強いんだと思います。

　では安全な水がないときどうするかですが、図3の写真もやはりマリで撮ったものです。こうやって水を汲みに行くわけです。息をしないと5分で死ぬという野中さんのお話がありましたが、水がないと、2日ぐらいは生き延びられますが、3日目には死んじゃいます。そういう意味ではこれを毎日毎日やらなくちゃいけなくて、しかも自宅から30分以内にそういう水場がない家庭の人数がやはり2億3300万人ぐらいいるというような推計があります。なので、水の問題というのは単に「ああ、喉が渇いて大変だな」ではなくて、生活時間が奪われてしまう、そして、女性の社会進出が阻まれる、下手をすると、教育の機会が失われるといった問題だということがおわかりいただけると思います。

　飲み水だけじゃなくてトイレも大変で、23億人がトイレをちゃんと使えて

図4 囲いのあるトイレ（バングラデシュにて、2004年7月）

いなくて、9億人近くの人が野外での排せつを強いられている。図4の写真が野外かどうか非常に微妙で、柵で前か後ろかは隠れるんですけれども、片方はオープンなんです。家でもそうですけれども、たとえば学校のトイレが汚いと女の子は行きたくないんです。先ほどの水汲みの話もありますし、途上国に行きますと、小学校に入学する人数より卒業する人数のほうが少ないわけです。親も6歳ぐらいの子どもには最低限の読み書きぐらい習えと言いますが、10歳ぐらいになると子どもは仕事に使えるので、「稼げ、水汲みを手伝え」ということで、子どもたちも、じゃあ学校のトイレは汚いし、授業をずっと聞いてるのはつまんないし、ということで行かなくなるというわけです。水の問題はやはり教育と非常に結びついていると考えています。

2．河川・海の環境汚染と対策

では、それが途上国だけかと言ったら、北九州もそうですし、東京だってものすごく汚くて、図5の左写真は昭和30年代の山手の河川で、たぶん、神田川、善福寺川のあたりだと思いますけれども、当時、川なんて誰も愛していなかったというのがよくおわかりいただけると思います。右写真は隅田川です

図5　かつての東京の河川

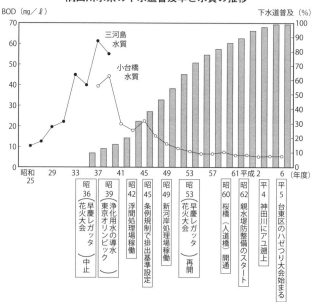

図6 現在の隅田川と神田川の様子（2018年4月）

が、汚すぎるので、下のグラフにあるように、昭和36（1961）年に早慶レガッタという毎年やっていたボート競技が中止になり、花火大会も有名ですけどそれも中止になりました。ところが、川の水は入れ替わりが早いので、下水道を整備してあまり汚水を流さないようにしていくと、20年経たないうちに再び花火大会と早慶レガッタが戻りました。それが昭和53年、1978年です。さらにその10年後ぐらいに、「男女7人夏物語」というドラマが、明石家さんま・大竹しのぶ主演で流行りました。あれは隅田川沿いが舞台になってますけれども、もし臭くて花火大会ができない川だと、あんなドラマはあり得ないわけです。きれいになったからこそ、ウォーターフロントが恋愛ドラマの現場になったということです。図6の写真は今の隅田川の様子で、きれいになっています。楕円の中はお茶の水あたりの神田川です。

　私たちは日本中で川を汚してなんとかきれいにするということをやってきた。川はいいんですけれども、湖は川に比べると入れ替わりのスピードが数年ぐらいになってきます。汚れに気づくのも遅いですし、汚れに気づいてからきれいにするのにものすごく時間がかかる。琵琶湖はきれいになったんですけれども、まだ最後まではきれいにならなくて、その理由も実はよくわかっていないところがあります。

湖よりもさらに入れ替わり速度がゆっくりなのが地下水と海です。海のプラスチックの問題は先ほど那須先生がおっしゃいましたが、海のマイクロプラスチック、プラスチックゴミの7割ぐらいは陸から来てるんです、川にみんな物を捨てて。途上国に行くと、水が足りなくて水に困っているくせに川を大事にしていないんです。ゴミがバーッと捨ててあって、「これは誰が片づけるんだ」と聞くと、「いや、雨季になると大雨が降って全部流してくれるから、自然のフラッシュなんだ」と言うんですけど、それが全部海に行ってゴミとなって溜まって問題を引き起こすんじゃないかと、非常に懸念されることになります。

3．世の中は変わるし変えられる

　最後に一つ申し上げたいのは、図7にあるように、「正義の味方のその先へ」ということです。正義の味方、これは問題解決そのものです。ショッカーが出てきて、可愛い女の子をさらうわけですね。ところが考えてみると、普段仮面ライダーは、変身する前は事件が起こるまでじっと待ってるんです。ウルトラマンもそうですね。ウルトラ警備隊も、じっと怪獣が現れるのをひたすら待っていて、そこに相手の宇宙人や怪獣が地球を征服しようと大きな野望を抱いて

図7　問題解決型（正義の味方？）のその先へ

正義の味方＝問題解決	悪の組織＝理想実現
自分自身の具体的な目標がない	大きな夢、野望を抱いている
相手の夢を阻止するのが生き甲斐	目標達成のため研究開発を怠らない
常に何かが起こってから行動	日々努力を重ね、夢に向かって手を尽くしている
受け身の姿勢	失敗してもへこたれない
単独〜少人数で行動	組織で行動
いつも怒っている	よく笑う

来るわけですね。で、それを潰す。他人の夢を潰すのが正義の味方。常に何かが起こってから行動する受け身だし、しかも少人数で行動して、怒ってるんですよね、仮面ライダー1号の本郷猛なんか「貴様！」とか言って怒る。それに対して、悪の組織は、大きな夢や野望を抱いて、目標達成のため普段から研究開発して、日々努力を重ねて夢に向かって、しかも何回も邪魔されるわけです、仮面ライダーに。だけど挫けない。組織で行動する。よく笑う。怪人が出てきたら笑いますよね、ハッハッハッハって。どっちがいいんだろうというのをちょっと考えていただきたい。

これはインターネットの2ちゃんねる（現・5ちゃんねる）というので見たときに考えたことですが、うちの研究室はどっちかって言うと、悪の組織だなと思ったんです。

申し上げたいのは、公害対策というのは問題解決型で、顕在化した問題への後追い対処だった。そこに問題があるのでなんとかしなきゃいけない、と、一生懸命乗り切った。その後、地球環境問題になったときに、今のままいくとこんなことになりそうだ、それになんとか事前に対処しようと考えてきたわけです。実際にできるかできないか。私は普段どちらかと言うと楽観的なんですが、これについてはまあ無理かなと思っています。たとえば、インフラのメンテナンスをしないと大変なことになるというのはみんなわかっていて言ってたんですけれども、また土木・建築会社がお金欲しさのために言ってるんでしょ君たち、ということになっていた。それで笹子トンネルの事故で人が死ぬまでは、世の中が変わらなかった。今年（2018年）は水害で200人以上亡くなってしまいました。2004年以来です。これが1000人ぐらい亡くなればさすがにまずいとなるかもしれませんが、誰かもっと犠牲にならないと世の中が変わらないかもしれないんじゃないかという意味では、予防的回避ができるかどうか、楽観できません。

ただし、今私たちがSDGsと言っているのはそのさらに先で、なんか問題がありそうだからそれに事前に対処するだけじゃなくて、もっとこんな世の中だったらいいなっていう夢を抱いているんです。林先生がここ四日市で、この大会の記念式典をやったのは、やっぱりここのご出身なので、夢を抱いていたときの思い出と重なって、ここで開催したいと思われたんだと思うんです

図8　世の中は変わるし変えられる

◆公害
　❀顕在化した問題への後追い対処
◆地球環境問題
　❀懸念される問題の予防的回避
◆持続可能な開発
　❀理想とする未来社会実現への弛まぬ努力
　　➢健康で文化的で尊厳を持てる安全な暮らし

若者には未来があるが、シニアには社会を変えた成功体験がある
➜成功体験と希望を若者に伝えるのがシニアの役目

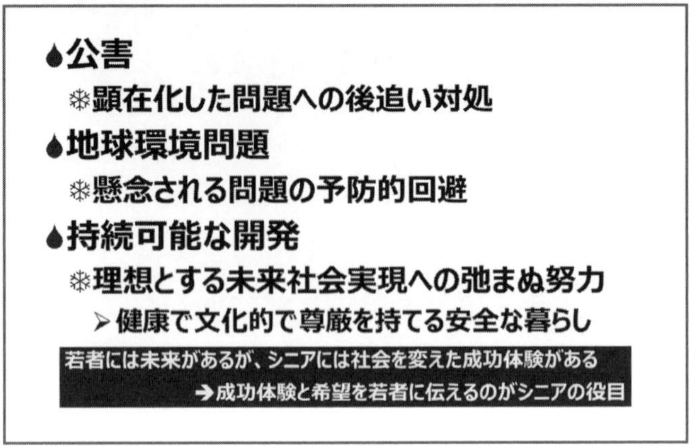

ね。公害をなくしたいだけじゃなくて、もっと豊かになりたい――豊かってお金じゃないよっていうふうに野中さんのお話にありましたが――お金じゃない豊かさとか楽しさとか、人生の生き甲斐とかいろんな夢っていうのがやっぱりあります。それを達成するためには何をしようかっていうことを考えていく、という未来指向型というのが非常に大事なんじゃないかなというふうに思います。

　本日のシンポジウムに向けて私が考えましたのは、若者には未来がありますけれども、シニアには社会を変えた成功体験がある、あるいは社会が変わっていくのを観察していた生き証人であるという存在価値があると思うんです。若者には未来があるんだけれども、どうせ与えられるもので自分たちが変えられると思っていないんじゃないか。そうではなくて、世の中は変わるし変えられるということを、シニア世代は伝えていく必要がある。だから今日は大会の午前中に中学生の方を呼んだんだろう、というのが私の理解です。世の中は変わるし、変えられるというのが、この「環境共生」ということを今後考えていくうえで非常に大事な点ではないかと思って、お話しさせていただきました。

第8章

原子力災害からの農業復興

溝口　勝（東京大学大学院農学生命科学研究科教授）

1．福島県飯舘村の放射線被害と除染

　私はNPO法人ふくしま再生の会副理事長を兼任しています。私が対象としている地域は、福島県の飯舘村です。
　図1に示すように、2011年3月、原発事故直後の風向きによって運悪く、

図1　福島県飯舘村

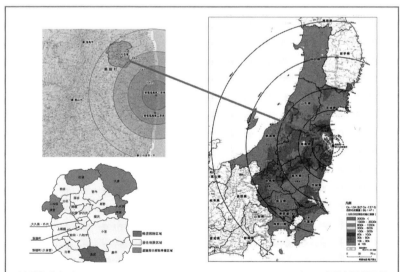

［出所］左上／DIAMOND online：https://diamond.jp/articles/-/11978　左下／飯舘村避難区域の再編（2012年7月17日以降）、飯舘村役場ホームページ：http://www.vill.iitate.fukushima.jp/saigai/wp-content/uploads/2012/07/f32a49cdee08d71f0455796f2e008106.jpg（最終アクセス2016年2月7日）　右／文部科学省による新潟県及び秋田県の航空機モニタリングの測定結果について：https://radioactivity.nsr.go.jp/ja/contents/5000/4898/24/1910_101012.pdf の（参考2）

図2　飯舘村（原発事故後）

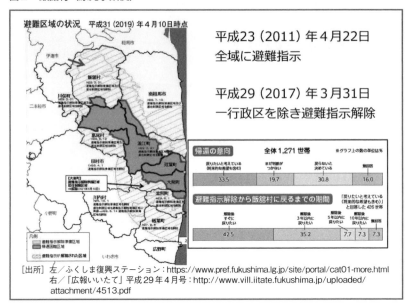

［出所］左／ふくしま復興ステーション：https://www.pref.fukushima.lg.jp/site/portal/cat01-more.html
　　　　右／「広報いいたて」平成29年4月号：http://www.vill.iitate.fukushima.jp/uploaded/attachment/4513.pdf

　飯舘村は放射性セシウム汚染の被害を受けてしまいました。その後4月に全村避難指示が発令され、2017年の3月31日に、一部を除いて避難指示が解除されました。そういう事実を知らない人が意外に多いので、今日は図2を急きょ、説明に加えました。放射性物質は同心円状に広がると多くの人は思っていますが、実際は風で運ばれたのです。

　さて、飯舘村役場が2017年1月時点で「村に戻りたいか」というアンケート調査を実施しました。その結果によると、すぐ戻りたいと思っている人は3割でした。しかし実際に戻った人は70歳以上の高齢者ばかりで、1割未満でした。

　さて、学術的な話をしましょう。放射性セシウムが降ってきました。しかし、そのセシウムは実は土の上から表層5cmのところに残ったまま、土中に浸透しなかったのです。雨が降っても下に抜けませんでした。図3のような状態だったのです。その理由は、土にセシウムが強く吸着する性質があるからなのですが、除染というのは、要するにプリンの黒蜜のところを取り除く作業なのです。

　除染工事のために、土の汚染濃度に応じて3つの方法が国によってマニュア

図3　放射性セシウムの濃度（2011年5月24日）

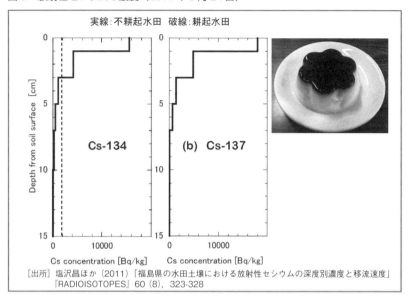

[出所] 塩沢昌ほか (2011)「福島県の水田土壌における放射性セシウムの深度別濃度と移流速度」『RADIOISOTOPES』60 (8), 323-328

図4　農地の除染法

表土削り取り

水による土壌攪拌・除去

反転耕

図5 除染の実態

ル化された（図4）のですが、実際にはこのうちの表土削り取り法だけが使われ、他の方法はほとんど使われませんでした。その理由は、「俺たちは何も悪いことをしてないのに、なんでそれ（汚染土）を自分のところに残さないといけないんだ！」という住民感情があったからです。結局、その感情に配慮して、政府はすべての場所で表土削り取り工事を実施しました。その結果、その削り取った土が山のようにうず高くあちこちに残りました（図5）。この場所は現地では「仮仮置き場」と呼ばれています。仮の置き場ではありません。中間貯蔵施設の場所が決まらないから、とりあえず除染した近くの田んぼに集積されてきたのです。

先ほどの沖先生の最後の話にもあったシニアがキーワードなんですが、私は70代のアラ古希（アラウンド古希）のNPO法人の方々と、国任せでなくて自分たちでできることをやろうと、この7年間いろんな試みをやってきました。その一つが、泥水で流してしまう除染方法です（図6）。流した後の水田にイネを試験栽培して、セシウムが移行しないことを一つひとつチェックして、今に至っています。

図6 農業復興のための試み

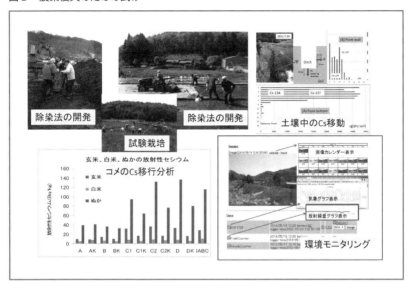

図7 土壌放射線量の分布

- 井戸の底をゼロとして表示
  - 地表面が沈下
- 汚染土　60〜100 cmくらい
- 地表面　150 cm
- 実線：カーブフィット
    2015〜2018年 3月
- 正規分布　〜70cmにピーク
- ピーク位置はほとんど動いていない

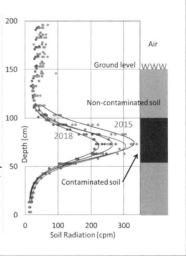

いろいろな試みの中でも、図7は私のお気に入りのデータです。これは何かと言うと、要するに、プリンの黒い蜜を掘った穴に埋めるだけでよいことを示す図です。実は私は土の専門家（土壌物理学者）です。セシウムは粘土に強く吸着し、粘土から離れない性質があります。したがって、セシウムが動くとしたら、粘土と一緒にしか動けない。ということは穴を掘って埋めてしまえば動きようがない。そこで、地下50cmから1mのところに穴を掘って、そこに削った土を入れてきれいな土を被せて、3年間ずっとその土の中の放射線量を測っています。この図を見るとわかるように、ピークの位置は変わらない。もしセシウムが下に移動すれば放射線量のピーク位置が下にずれていくはずなのに、ほとんど移動しないことを3年間ずっと観察しています。本当はこうなることは最初から理論的にわかっていました。しかし「セシウム入りの土を埋めたら地下水が汚染されるんじゃないか」といろんな人からいろいろ言われながら観察を続けました。ようやく3年経ったので、そろそろデータを公開しても誰も反論できないだろうと思い、この前の学会（農業農村工学会、2018年9月）で発表しました。このように私は科学的データをもとにして、いろいろな活動に取り組んでいます。

　図8は、2013年のふくしま再生の会活動報告会で提案した「農業復興に向けて」です。ふくしま再生の会は2011年6月に70代のシニアが立ち上がってできたNPO法人です。「自分たちは高度成長期を日本の原子力に支えられていると信じてやってきたのに、いざ事故を起こしたら国も東電も責任をとらない。それでよいのだろうか？」と言って、「じゃあ70を過ぎた自分たちが直接現場に行って放射線量を測ろう！」と活動を始めました。

　飯舘村は震災前にどぶろく特区になっていました。自分たちで除染した水田におけるコメの試験栽培の結果、ぬかにはセシウムが蓄積されるけど白米には吸収されないことがわかった。白米に吸収されないのであれば、削れば削るほどOK。「ということは大吟醸酒ができる！」とひらめいたのです。大吟醸酒をつくって、ついでにどぶろくも入れて、さらに焼酎もつくって、これらを飯舘三酒として売り出そう。さらに飯舘村にはいろいろ美味しい酒の肴もあるので、それを組み合わせて海外展開を図ろうと2013年の報告会で提案したのです。あれから5年。今年（2018年）、飯舘村で育てた酒米でようやく純米酒「不

図8　農業復興に向けて

ふくしま再生の会活動報告会（2013年2月22日）で提案

- 飯舘三酒
  - 飯舘大吟醸
  - 飯舘芋焼酎
  - 飯舘濁酒

- 飯舘特産農産物
  - 飯舘特産の肴（さかな）
  - 伝統的な味付けを活かした調理法

- 海外展開と消費者との連携
  - Fukushima/Iitateブランド
  - 徹底した品質管理（Global-GAP）
  - レシピの開発

死鳥の如く」ができました。限定700本はあっという間に売り切れてしまったので皆さんのところには届けられません。この酒の名前は、東京六大学野球で東大の選手が二塁まで進んだチャンスのときに、ひょっとして点が入るかもしれないという期待を込めて歌う応援曲名に由来しています。

　現在、飯舘村でやっていることは、飯舘村に戻ってきた人たちをサポートするためのICT（情報通信技術）を使った農業支援システムづくりです（図9）。また、除染工事によって田んぼ（農地）の排水が悪くなっているので、その排水不良を改善する簡便な暗渠排水の技術についても研究しています。暗渠排水は技術的にすごく面白い。このシンポジウムはSDGsがキーワードですが、暗渠排水技術は究極のSDGs技術と言えます。山で木を切った際に出てくる廃棄予定の枝葉を、排水不良の農地に掘った穴に並べた素焼きの土管の上に敷き詰めて土を被せると農地の排水がよくなるのです（図10）。この技術は地元の農家で代々受け継がれているのです。その手作業の工事を今年のゴールデンウィークに体験して感動しました。

　未来に向けて、「Dr. ドロえもん教室」という活動もしています（図11）。実は四日市でも、私の三重大学時代の教え子がリードして「四日市大学エコキッ

図9　ICT営農管理システムで農業復興

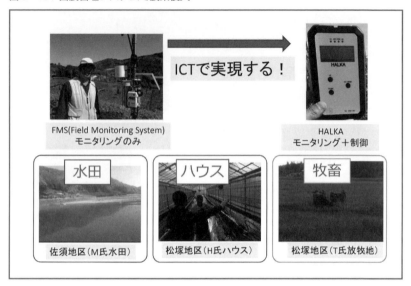

図10　暗渠排水（日本が誇る究極のSDGs）

図11 Dr. ドロえもん教室——子どもたちに対する農学教育

福島県の博物館での土の教育（2015.8.2）

ドロえもん博士のテキスト

図12 いま科学技術が問われている

- 農学と情報科学で風評被害をなくせるか？

- 農学栄えて農業滅ぶ
  ・横井時敬
    土に立つ者は倒れず、
    土に活きる者は飢えず、
    土を護る者は滅びず

- いま私たちは何ができるのか？
  ・まずは自分の目で現地を見る

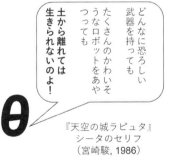

どんなに恐ろしい武器を持っても たくさんのかわいそうなロボットをあやつっても 土から離れては生きられないのよ！

『天空の城ラピュタ』
シータのセリフ
（宮崎駿, 1986）

ズ夏休み実験講座　土はマジシャン！」というイベントを3年間続けています。この講座では、ペットボトルに入った砂や土の層に真黒な泥水を流しても下からは透明な水しか出てこない現象を実験させ、土の持つ不思議な性質を学んでもらっています。いまはその内容を漫画にした「ドロえもん博士のテキスト」を作っています（現在Kindleで購入できます。『ドロえもん博士のワクワク教室「土ってふしぎ!?」〜放射性セシウムに対する土のはたらき〜 Kindle版』）。

　今回の原発事故における一番の問題は、科学技術に対する信用が失墜したことだと思います。一度失った信用はなかなか元には戻りません。いざとなったら助けてくれるはずの仮面ライダーが助けてくれなかったわけです。みんな何をしていいかわからなかった状況のときに、70代のシニアが動き始めた。私は私で、農学と情報科学で農業の風評被害をなくそうということを目標にしてずっとやってきた。

　「いま私たちは何ができるのか？」（図12）。まずは自分の目で現地を見る、これに尽きます。野中さんはジャーナリストとして発言しましたが、最近のジャーナリストは駄目ですね。自分で現場に行かない。誰かの美味しいところだけを勝手につまみ食いして、現場を見ないで誤った情報を流している。今回の原発事故後の報道に触れて、マスコミは本当にけしからんと私は思っています。

　「農学栄えて農業滅ぶ」。これももう昔から言われていることなんですが、この言葉を残した横井時敬先生が、「土に立つものは倒れず、土に活きる者は飢えず、土を護る者は滅びず」とも言っている。さっき沖先生が水は大事だよと言ったから、僕もちょっと対抗して、土は大事だよと言いたい。『天空の城ラピュタ』のシータも最後のムスカとの対決の場面で同じことを言っています。「どんなに恐ろしい武器を持っても、たくさんのかわいそうなロボットをあやつっても、土から離れては生きられないのよ！」つまり、我々はどんなに便利でエネルギー的に有利な原子力を持っても、土から離れては生きられないのです。

　最後にもう一つ。図13の写真は忠犬ハチ公の飼主だった上野英三郎博士とハチの銅像です。上野先生が私の学科の創始者なんです、ということを申し上げ、私の話を終わらせていただきたいと思います。

図13 復興の農業工学

- 上野英三郎博士
  - ハチ公の飼主
  - 東大農学部の教授
    - 耕地整理法(1900)
    - 耕地整理講義(1905)
- 農業工学(農業土木)
  - 食料生産の基盤整備
  - 不毛な大地→肥沃な農地
    - 農地造成／灌漑・排水
  - 農地除染
- 除染後の土地利用
  - 帰村後の農村計画
  - 地域創生／産業再生

参考資料：

溝口　勝（2014）「土壌物理学者が仕掛ける農業復興——農民による農民のための農地除染」『コロンブス』3月号：http://www.iai.ga.a.u-tokyo.ac.jp/mizo/edrp/fukushima/fsoil/columbus1403.pdf

溝口　勝（2014）「放射性物質問題——土壌物理に求められること」『土壌の物理性』（土壌物理学会誌）No.126：https://js-soilphysics.com/downloads/pdf/126003.pdf

溝口　勝（2015）「自分の農地を自身で除染したい百姓魂」『原発事故後、いかに行動したか』（2015年3月31日）：http://www.iai.ga.a.u-tokyo.ac.jp/mizo/edrp/fukushima/media/150831mizo.pdf

溝口　勝（2015）「私の土壌物理履歴書」『土壌の物理性』No.130：https://js-soilphysics.com/downloads/pdf/130035.pdf

溝口　勝（2015）「"復興の農業土木学"で飯舘村に日本型農業の可能性を見出す」『コロンブス』5月号：http://www.iai.ga.a.u-tokyo.ac.jp/mizo/edrp/fukushima/fsoil/columbus1505.pdf

溝口　勝（2016）「飯舘村における村学民協働による農地除染と農業再生の試み」『水土の知』6月号：http://www.iai.ga.a.u-tokyo.ac.jp/mizo/edrp/fukushima/paper/84-6-03.pdf

溝口　勝（2019）「飯舘村に通いつづけて約8年——土壌物理学者による地域復興と農業再生」『コロンブス』5月号：http://www.iai.ga.a.u-tokyo.ac.jp/mizo/edrp/fukushima/fsoil/columbus1905.pdf

横川華枝・溝口　勝（2013）「飯舘村再生を目指す協働の成り立ち——ふくしま再生の会を事例に」『土壌の物理性』No.125：https://js-soilphysics.com/downloads/pdf/125053.pdf

第9章

UNCRDの活動：
途上国の経済発展、環境汚染、CO₂からSDGsまで

遠藤和重（国際連合地域開発センター所長）

はじめに

　私の前の職場は国土交通省で、私はどちらかと言うと行政サイドの人間でして、先ほど、沖先生が笹子トンネルの話を少し語られましたけど、まさにそういった仕事をやってきました。行政の中では、「国際畑の人材」というような言われ方をしてますけれども、国内で道路行政をしながら、国外のプロジェクトの仕事もさせていただくというようなことで今までやってきました。先ほど溝口先生のほうから震災復興の話がありましたけれども、私の前任地は復興庁で、2年ほど岩手の盛岡でインフラの仕事をして、その直前は国土計画、いわゆる全国総合開発計画をやっていた国土庁由来の組織で仕事をしていました。もうちょっと遡りますと、3年前、世界銀行でアフリカの仕事をしておりました。こういった最近の仕事が、今の国連地域開発センターの仕事につながっています。

1．MDGsからSDGsへ

　私のいただいた題目は、インフラ整備、地域開発、SDGsということであります。ちょっと過去を振り返りますと、1992年に「環境と開発に関する国連会議」、地球サミットと言われ、この中で「持続可能な開発の実現に向けた行動計画」という動きがありましたが、私も当時JICA（国際協力機構）に出向していたので非常に記憶に残っております。そのあと2000年に、ミレニアム開発目標（MDGs）という言葉が出てきまして、それが今のSDGsにつながります。MがSに変わっただけだということで、突然出てきたわけではなくて、そ

140　第3部　環境共生の歩み：公害、ローマクラブ「成長の限界」、地球環境から、SDGsまで　─

図1　持続可能な開発目標（SDGs）

```
・　2030年までの世界目標　→　地球レベルの話！
・　17の目標と169のターゲット
・　普遍的：先進国、途上国すべての国に
・　誰も置き去りにしない（No one is left behind）
・　政府、民間企業、大学、NGO/NPO、国際機関
　　等のパートナーシップを重視
```

ういった経緯の中から今のSDGsがあると、私は理解しております。

2．UNCRD──日本で最初にできた国連組織

　国連地域開発センターはUNCRDと言いまして、United Nations Centre for Regional Developmentという名称で、名古屋、愛知の熱心な誘致の運動があって、日本国内で最初にできた国連の組織です。

　当時、1970年代になりますけれども、日本の急速な経済成長や、あるいは地域開発、こういった実績がすごく世界で注目されておりました。そういった背景の中で、途上国のそういった分野の計画実施能力の強化の支援ということがUNCRDの設立の目的でした。設立以来、地域開発にとって、計画を策定するということが途上国の支援につながるといった認識のもと、研修、調査研究等が行われてきたということです。

3．国際地域開発活動の実際

　抽象的な話よりも具体の事例でお話を紹介したいと思います。アフリカの道路事業の事例です。

　地域開発と言うと少し幅が広すぎますので、地域開発の中で、これは日本・途上国に共通して言えますが、やはり道路が地域開発の重要セクターで、この

第9章　UNCRDの活動：途上国の経済発展、環境汚染、CO₂からSDGsまで　*141*

図2　国際連合地域開発センター

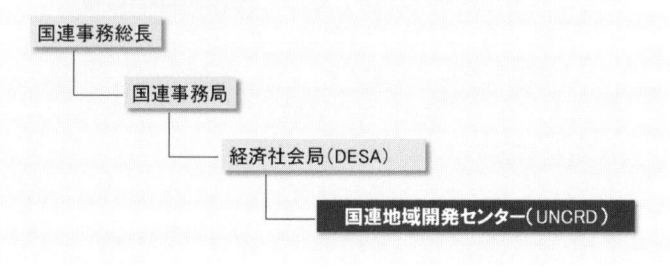

国際連合地域開発センター

国際連合地域開発センター（UNCRD）は、開発途上国の「地域開発」を通して開発に貢献するために研究・研修を行う組織として、国連と日本政府との協定により1971（昭和46）年に愛知県名古屋市に設立されました

当センターが名古屋に設立された理由

名古屋を中心とする中部圏が自動車、繊維、窯業などに代表される日本の主力工業地帯であるとともに、野菜や花の栽培、畜産などに優れた農業地帯であり、バランスのとれた地域開発が実施されていたから

当センターの活動目的は、「開発途上国における地域開発画の策定と計画実施能力の強化」

国連内での位置づけ

当センターは、国連事務局の中の経済社会局に属し、持続可能な地域開発の研修および研究に関する総合的機能を持った機関として、その実績は開発途上国の間で高く評価されています

国連事務総長
└ 国連事務局
　　└ 経済社会局（DESA）
　　　　└ **国連地域開発センター（UNCRD）**

図3 アフリカの道路事業の事例

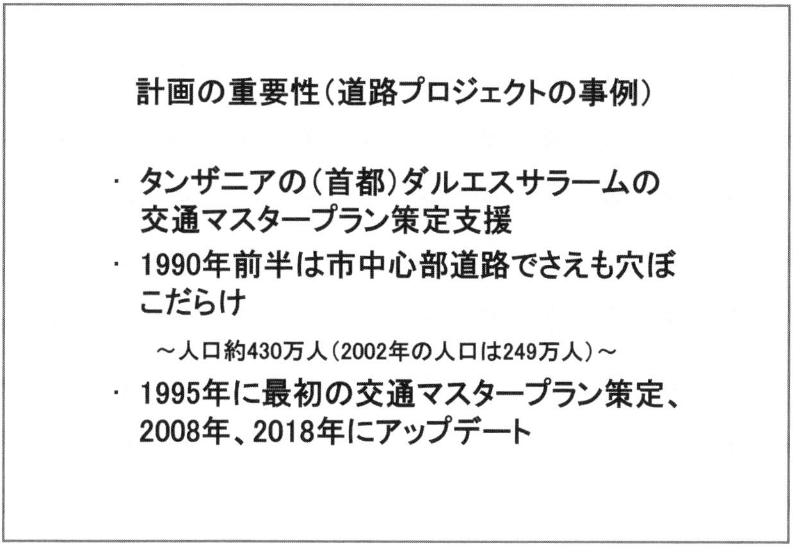

```
計画の重要性（道路プロジェクトの事例）

・ タンザニアの（首都）ダルエスサラームの
  交通マスタープラン策定支援
・ 1990年前半は市中心部道路でさえも穴ぼ
  こだらけ
    ～人口約430万人（2002年の人口は249万人）～
・ 1995年に最初の交通マスタープラン策定、
  2008年、2018年にアップデート
```

道路の事例の話をして、計画策定能力の重要性についてご認識をいただければと思います。図3はタンザニアの首都ダルエスサラームの交通マスタープラン策定支援事業というものですが、これは JICA の ODA（政府開発援助）事業です。ダルエスサラームの人口は 430 万人、1990 年代はわずか 100 万人だったのですが、この 20 数年で急成長した都市の一つです。このダルエスサラームで JICA による道路事業の計画策定支援が行われました。1990 年当時は道路は穴ぼこだらけで、私も当時何回も行ったんですけれども、穴ぼこって言っても小さな穴ぼこではなくて、すごい大きな穴ぼこで、普通の自家用車で走るとすぐにパンクしてしまうというような状況でした。日本人を含めて外国人はランドクルーザーでのドライブが必須でした。

　そういった状況から JICA が道路の計画策定支援をして、道路の修繕プロジェクトから始めて、マスタープラン、10 年間の計画なんですけれども、それに基づいて道路整備を進め、今では町の中心部にバス・ラピッド・トランジットが世界銀行の融資で完成しようとしています。1990 年代に 1 回目のマスタープランを作って、2 回目が 2008 年、さらに最近 2018 年に 3 回目のマス

第9章　UNCRDの活動：途上国の経済発展、環境汚染、CO₂からSDGsまで　143

タープランが日本の JICA の支援によって完成しています。このマスタープランはタンザニア政府に高く評価されており、こういった計画があったおかげで首都の都市交通政策がブレずに進められたという事例です。

　話を SDGs に戻しますと、UNCRD は国連本部の経済社会局（DESA）の下部組織ということで、実はこの DESA というのがまさに話題の SDGs を直接担当している部署です。この部署からの司令を仰ぎながら、UNCRD は今は SDGs にフォーカスして仕事をしております。2000 年以降、ODA の予算の縮小とともに活動の規模もずいぶん小さくなってきたのですが、現在は、環境に優しい交通、あるいは廃棄物管理、それから 3R と言いますけれども、Reduce（リデュース）、Reuse（リユース）、Recycle（リサイクル）――こういった分野の国際フォーラムのホスト役をしているというところです。

ディスカッション

林良嗣　ありがとうございました。これでひと通り4人の方にお話しいただきました。那須先生には、人と環境と言っても、一番近いところが人体で、それから、環境物質っていうのはすぐ近くにあって、その周りに環境があって、健康にどう影響があるかという話をしていただきました。沖先生は安全な飲み水、トイレ、河川、水害、そして、地球規模の大きな水の循環という、これもまさに命の源がどういうふうにうねって、それが最終的に人間だけではなくて周りのあらゆる命につながるかという話でした。次に溝口先生のお話があって、全然想定もしていなかったセシウム等の物質が入り込んできて、動いたり動かなかったりする。それが動いて人体に入ってくると、また今度は那須先生の分野に入ってくる。この3人の中でも、記念講演（第1部）で野中さんが語った、「いのち」をどういうふうに育んでいって維持していくかというのがつながっているという、こういう話だと思います。遠藤さんの国連地域開発センターというものは、そのコンテンツっていうよりもその仕組みをどういうふうに支えるかということでありまして、こういうセンターが日本に存在するということも非常に重要です。

　遠藤さんのお話に出たSDGsなんですが、その一環として、この四日市の経験の蓄積をどうやって他の国にシェアしていくかを考えると、2つのパネルディスカッション（第2部・第3部）がつながってくるんじゃないかなと思っているわけです。それで、このそれぞれの問題において、とくに今、日本、四日市が世界にどう貢献していくかという話をしていただきたいと思います。では那須先生からお願いいたします。

那須　先ほど水と土壌が重要だという話がありましたが、一言付け加えさせていただければ、いろんな有害物質は食物を介して私たちの体の中に入ってくるという場合が多いと思います。ですから、食物の汚染も考慮すべきというのが一つの感想です。それから、私は沖先生の発表に非常に通じるところがありまして、確かに20世紀のいろいろなエピソードの問題解決というのは後追

いだったんですね。ですから21世紀に同じことを繰り返してはいけないということで、21世紀は化学物質の管理の時代と言われています。ということは、起こる前に、使う前に、私たちはきちんとその化学物質の危険性を評価して、その後、世の中に出す、そういうシステムをつくる責任があると感じておりますし、世の中の流れはそのようになっていると思われます。

沖 ありがとうございます。実は前半のコンビナートのディスカッション（第2部）を面白く聞いてですね、私はエンジニアの端くれなので少し思いましたのは、コンビナートについては丹念に説明を受けたことはないんですが、皆さん、計算機の後ろの配線ってわかりますか？　ステレオのセットの配線をされたことがあると思うんですけど、今のコンピュータはCPUがいっぱいあるので、それを通信ケーブルで蜘蛛の巣のようにつなげるんでが、あれも美しいのと美しくないのがあるんだそうです。ということからすると、たぶんコンビナートもですね、美しく、つまり機能美と言いますけれども、ちゃんとできているコンビナートと、あとから一生懸命つぎはぎでできたコンビナートがあって、そういうことについてきちんとプロの説明を受けるようなツアーがあるときっと面白いはずなんですね。建築家で、他人のつくったいろんな建築にいちゃもんつけたりする先生はいっぱいいますから、そういうのはありだと思います。コンビナートをプロの目から解説するみたいなツアー、つまり、単に夜景きれいだな、じゃないのがあるといいんじゃないかなと聞いて感じましたので、ぜひちょっとご検討いただければどうかなと思います。

　あと、今日のテーマのSDGsにつきましては、世の中を急激に大転換しなきゃいけないっておっしゃる方が多いんですね。私は大転換は悪くないけども、あまり急激な変化はまた副作用も大きいのではないかと危惧します。水質はきれいになればなるほどいいと思いますけれども、たとえば、人口にしろ気温にしろ、急に上がったり急に増えたり、急に減ったり急に下がったりするから問題なのであって、ゆっくり変化するのであれば私たちの社会は、あるいは私たちの体はまあまあ適応できるんだと思うんですね。したがって、急激な変化を起こさせないようにするということが非常に大事なんじゃないか。だからこそ、温暖化も問題だけど寒冷化も問題だし、人口が増えてるときは、今どころじゃなくてみんなもう、都市に人が集まって、集中して小学校が足りないっ

146　第3部　環境共生の歩み：公害、ローマクラブ「成長の限界」、地球環境から、SDGsまで　―

ていうふうにものすごく問題が深刻だったのを忘れて、減少が問題だ減少が問題だって言うと、なんか増えたらいいのかって、そんな話になるので、やっぱり変化が大きな問題だということを私たちは根底に置く必要があるんじゃないかと考えます。

最後ですが、『天空の城ラピュタ』には土の話が出てくるようですが、『星の王子さま』という本には、「水は心にもいいんだよ」という名言がございますので、ぜひ心にとめていただければと思います。

溝口　先ほどちょっと最後のほうで時間がなくて言えなかったのですが、やっぱりこれからは教育だと思います。今回の原発事故を通して感じたのは、たとえば、放射性セシウムを怖れるとか、なんかこう一方的に上から誰かが言った、危ない危ないばっかり言ってしまって、そうじゃなくて、きちんとどうして、どういうカラクリでそうなっているのかっていうことを正しくきちんと理解できるような教育が必要だと思うのです。

そういう意味で先ほど私自身は、子ども、キッズに土を教える話をしました。さっき沖さんの話で、アフリカで泥水を飲んでいる写真がありましたけど、泥水を砂のところに上から流すと下から透明な水が出てくるという実験を、子どもたちにさせています。なんでそれをやっているのかと言うと、実はセシウムがくっついているのはそのドロなのです。粘土粒子（ドロ）にべたっとセシウムがくっついているから、「ほら見てごらん、こうやると下から透明なのが出てくるでしょ、その泥はどこへ行ったの？」って。実は砂にひっかかっているのです。つまりそういう原理を理解したうえで、じゃあなぜ雨樋の下のところの放射性セシウムの濃度が高くなっているのかということを理解させる。今、小学校から英語教育とか言っていますけれども、理科教育はずっと以前より小学校からやっているのに、そういうことすら理解できない状況になっていることのほうが僕は問題だと思っています。

最近感じるのは、科学の限界、データの限界です。それは何かと言うと、さっきの僕の自慢のあの曲線を見せても、たぶん正しく理解できる人はあまりいません（あれはほんとにすごいデータだと自分では思っています）。ところが、これが演劇の世界に入ると、こういうフェイス・トゥ・フェイスのところで劇団なんかやるとものすごい勢いでみんな反応があるんですね。ですから、私は

今度、福島関係のことを演劇の力を使ってやってほしいと思っている。実際そういう劇作家もいて、勇気づけられています。そういう形で科学コミュニケーションというのをこれからもっと真剣に考えていかないと、本当の意味で、想定外の何かが起こったときに同じ過ちを繰り返すことになってしまうと思うのです。そういう教育、そういう科学コミュニケーションというのにもっともっと力を入れていくのが、これからは大事なんだと思います。

遠藤　先ほど、国際フォーラムのホスト役ということで環境に優しい交通とか、あるいは3Rですか、そういった活動をしていると申しましたけれども、途上国はまだまだこういった地域開発分野の非常に複雑なメカニズムで発生する問題に対処していく知見あるいはアドバイスを求めております。こういったニーズに対して、今のSDGs、これに絡みながら活動をしていくということが基本です。先ほど四日市市長さんがICETT（国際環境技術移転センター）の話をされましたが（第2部第5章）、まさにこういった活動もこれからも必要になってきますので、いろいろ連携して取り組んでいきたいと思っております。

　次のステップは、2030年の世界目標であるSDGsにどう取り組むのかということですけれども、MDGsからSDGsに変わった一つのポイントは、先進国がアクターとして活動に入ったことではないかと思っております。MDGsのときには、少なくとも私のいた国土交通省では誰も知らなかったと思いますけれども、今は国土交通省のほうでもSDGsをやろうかっていうような話をしております。UNCRDも政府、今日のように大学の先生方が来られるような学会団体、あるいはNPO、NGO等の方々とパートナーシップをとりながら、これからこのSDGsに取り組んでいきたいと思います。幸いなことに最近自治体とか企業の方から、SDGsに取り組みたいといった問い合わせも来ております。そういった動きにうまく乗りながら、今の流れを捉えていきたいと思います。1980～90年代はUNCRDへと名古屋詣でがあったというふうに林先生からお聞きしましたけれども、現在UNCRDも活動が少しシュリンク気味です。1980～90年代までは戻らないと思いますが、いい活動ができるように頑張っていきたいと思います。

林　ありがとうございました。今日は、記念講演の野中さんのお話、命から始まりました。自然という大きなシステムがあって、その中で「生かされてい

る」という、どうやって生かしてもらえるのかという、こういうことを考えながら人間が活動していければまず間違いないんじゃないかと。社会、企業の経営には、効率・収益に加えて、第3軸としての「いのち」、ガイア・コンピタンスが必要であることを説かれました。そして、四日市の現場でこれに何が起こったかという展開がありました。大気汚染による命に関わる甚大な被害がもたらされた。四日市公害裁判で企業活動ルールが反転され、青空を取り戻した。コンビナート夜景観光など、失敗から反転したプラスの資産として、それをどういうふうに活かしていくかという話が第2部のパネルディスカッションでございました。

　第3部のパネルセッションでは、水循環というエコシステム、人体の仕組みを考えない化学物質開発、原子力災害の土を介した農業への影響と復興、という3つのテーマから見た、人とその業としての産業、負の副産物、これらを受け止める環境、そして人の健康への影響、と連なる地球エコシステムの関係が示されました。

　今年はローマクラブができてから50周年にあたります。成長の限界という、人口が幾何級数的に増えるのに対して、資源とか食料は直線的にしか増産できず、人間社会は破滅に向かうというところから始まりました。現在の世の中で一体何をキーワードにして展開していけばいいか？　それはバランスだと思います。バランスというものが自然界にあって、そのバランスの中でどう生きてられるかということで、四日市はそれを崩してしまい、それの回復を目指した例であります。

　そういうバランスを考えるときに、日本人がどう貢献するかっていうのがあると思うんですね。野中さんともよく話をしてるんですが、まあ日本人は優しいと、人の気持ちをよく理解するとか——そういう特徴を今の日本人が持っているかと言われると、私も含めて怪しいんだけれども——その優しさというものをうまく伝える。ヨーロッパ中心主義が20世紀には続きました。それで行き詰まったというのは、ヨーロッパの人たち自身が今盛んに言っておられ、日本とかオリエンタルな発想っていうのがどうしても欲しいんだと。今日の大会を朝から聴いてますと、そういうところにちょうど現在の日本が来ていることを実感します。

溝口先生がおっしゃった重要なもので、演劇のお話がありましたが、これは我々だけではなかなか力の足りないところもある。映像、アニメ、これは幸いなことに各国で有名なもので、宮崎駿の『千と千尋の神隠し』とかですね、手塚治虫はまだ世界で知られてないところもあるんですが、その影響を受けた『ライオンキング』があります。国、文化、年齢を超えて世界中の人々に感動をもたらすことのできる、日本が最も得意とし、尊敬も受けているアニメやマンガとも連携しながら、学のほうで考えていること、それから地域で考えていることが一体となって出ていけば非常にいいんじゃないかと思います。

　それでは今日のパネリストの皆さんに拍手をもって終わりたいと思います。ありがとうございました。

コラム④

持続可能な社会のための千年科学技術：
ポストSDGsを見据えて

沖　大幹

1．何年続けば、"持続可能な社会"なのか

　持続可能な社会と言うが、はたして何年持続すればよいのだろうか。

　100年では短すぎる。科学の発見や技術の発達には未知の要素がたくさんあるし、核戦争や巨大隕石の地球への落下、あるいは未知の伝染病によって人類の生存が危うくなる可能性もあるが、順調に推移すれば今年生まれる世界の子どもたちのうち、何十万人、うまくすると何百万人もが、100年後にはまだまだ生きているはずである。彼らにとって100年後は遠い未来の話ではなく、やがて確実にやってくる現実世界である。

　50年後の世界の人口のかなりの部分を占める人たちはすでに生まれているため50年後の人口はそれなりの確度で推計可能だし、50年後の社会通念や暮らしも、今を大きく引きずっていることだろう。100年はその倍であり、現在の延長として想像、想定可能な範囲である。

　それに、世界は100年後には必ず滅びていると決まっていたら、皆さんはどんな日常生活を送るだろうか。

　何も変わらない、という方もいるだろうが、子どもや孫に財産を残してもしょうがない、と思って計画的に使うようになる方もいるだろう。それは、まさに、100年という時間を私たちが具体的に考えられる証である。

　だからと言って、1万年は長い。振り返ると、1万年前は文字記録による歴史学の範囲を超えて、考古学を手がかりに私たちの先祖の暮らしを想像するしかない。どんな自然環境だったかも、地層に混じる花粉、化石木の年輪、鍾乳石や氷床などの分析から推計するしかない。

　そこで、間をとって千年である。あと千年で人類が滅亡してしまうのなら、十分長く持続した、とは言えないだろうが、とりあえず千年持続すれば、その

次の千年も考えて、と、持続していきそうな気がしないだろうか。

そういうことなら、この100年、次の100年と細かく刻んだほうがよいというご意見もあるだろう。しかし、具体的に想定できる将来は現状分析に基づく予測の影響を免れず、また、自分自身や直接の子孫の損得にこだわってしまって、持続の本質を見誤る恐れがある。また、余裕を持って千年持続するつもりで設計しないと、100年持続する社会は構築できない。

しかも、私たちは千年という時間スケールで人類社会の来し方行く末を考えられる。

2．千年生きる技術・文化とは

千年前の日本は平安時代、紫式部の源氏物語が成立したころであり、少なくとも当時の貴族の暮らしや人生の機微をうかがい知ることができる。

イスラム教は1400年、キリスト教は2000年、仏教は2500年の歴史を持ち、今も世界の多くの人々の規範となっている。

持続するのは無形の文化遺産だけではない。中国・四川省を流れる長江の支川・岷江に設置されている都江堰は紀元前255年に完成し、岷江の水を巧みに分派して灌漑水路を通じて四川盆地の農地を潤し、「天賦の国」蜀の食料生産を支えた。都江堰は2300年近く経つ今も80万haの農地に水を供給する要の施設として現役で機能している。

紀元前255年に建造されたとされる都江堰（中国・四川省）。長江の支川・岷江を分流する魚嘴と呼ばれる施設部分（1999年6月21日、筆者撮影）

日本ではなかなか千年というわけにはいかないが、江戸時代始めに造られた小規模な土堤の上に幾重にも積み重ねられた堤防によって首都圏は利根川の洪水から守られているし、江戸時代以前から徐々に形づくられてきた主要な街道沿いや海運の拠点に町ができ、それらを結ぶように今は道路や鉄道が走っている。

さらには民主主義や官僚制など、千年単位で受け継がれているさまざまな蓄積の上に今の私たちの暮らしや社会が成り立っている。だとすると、今の私たちが創意工夫して生み出していくモノや仕組みも、もしかすると千年先にも社会を支えているかもしれない。いや、むしろ、千年後の人類に迷惑はかけず、できれば感謝してもらえるような営みを、今を生きる我々は目指すべきではないか。

　そう思って"千年科学技術研究所"を提案したのは1998年のことである。ちょうど新たな千年紀を迎えることであるし、千年先を見据えて科学技術・学術をリードしていく気概を持った研究所、その名も千年科学技術研究所（千年研）がよいのではないか、というアイディアであった。ところが、それを当時の所長に進言した際のリアクションは「10年先のこともわからないのに千年なんて考えるのは論外だ」という取り付く島もない返答であった。

　今にして思うと、20世紀末の当時はまだまだ"持続可能な社会"という言葉の日本社会への浸透も浅く、また、所長の専門は情報工学でその歴史は浅く、自分たちの行動が後々の社会に大きな影響を与える責任を十分に認識していなかったのだろう。だからこそ、1990年代後半に製造されたデジタル機器類が2000年という数字を内部的に適切に扱えず誤作動を起こすのではないか、といういわゆる2000年問題が世界的に懸念される事態が引き起こされたのである。

　あれから20年。情報通信技術は日々の暮らしに浸透し、正常に動作して当たり前、不都合があるときだけ注目され非難される社会インフラになった。持続可能な開発のための2030アジェンダが採択され、"持続可能な社会"も普通に知られる概念となった。ようやく千年持続する社会を支える千年科学技術と、千年持続する社会そのものを考える千年持続学に正面から向き合う機は熟した。

3. 22世紀の国づくりとは

　英語圏では比較的知られ、日本の諺とされるにもかかわらず日本ではあまり

馴染みのない次のような格言がある。

　　"行動を伴わないビジョンは白日夢だ。ビジョンを伴わない行動は悪夢だ。"

ビジョンの重要さを説いているという意味では、

　　"夢なき者に理想なし、理想なき者に計画なし、計画なき者に実行なし、
　　実行なき者に成功なし、故に、夢なき者に成功なし。"

という成句を思い出す方もいるだろう。幕末の思想家・吉田松陰の言葉とされるが、出典はつまびらかではない。これが、明治の実業家、新 1 万円札の顔となる渋沢栄一の言葉では、

　　"夢なき者は理想なし、理想なき者は信念なし、信念なき者は計画なし、
　　計画なき者は実行なし、実行なき者は成果なし、成果なき者は幸福なし、ゆ
　　えに幸福を求むる者は夢なかるべからず。"

とさらに長くなるが、やはり本当に渋沢氏が語ったかどうかの確証はない。
　いずれにせよ、こうした夢を抱いて実行する必要性を説く格言が巷間に広まっているというのは、裏を返すと、夢やビジョンなしに実行される場合が多い、ということではないだろうか。
　土木学会は、2015 年の日本国際賞を受賞された高橋裕・東京大学名誉教授の預託を受け、分野横断的な有志による「22 世紀の国づくり」プロジェクト委員会による議論や有識者ヒアリング、デザインコンペなどを経て、令和元 (2019) 年 5 月に提言を発表した。この提言は、土木業界の意思という形で発出されてはいるが、広く将来ビジョン形成のヒントになると考えられるので以下に引用する。

提言 1：22 世紀の国づくりを考えるために、社会経済や個別技術の動向に

加えて、我々の「幸せ」とは何か、あるいは我々人類が目指す幸福の実現とは何かについて議論をし、積み重ねていく。

提言２：国家100年の計が人材育成なら、国家1000年の計は文化の醸成と伝承である。人がより良く生きられる文化を生み出し、次世代に継承できる社会の構築を目指す。

提言３：これからの21世紀の世界史に日本がどのような名を刻み、どのような22世紀を迎えたいかについて、我々は多様な意見を交わし、「22世紀の世界の中の日本」像を野心的に想い描き、その実現に向けて行動を開始する。

さらに、あるべき未来像の明確化とその実現に向けた取り組みとして、以下のアクションを提言は求めている。

・土木学会ならびに土木分野の関係者は、どのような国土が望ましいか、22世紀を見据えた議論に参画し、長期ビジョンを策定する。
・特に、次世代及び次々世代を見据え、社会基盤の価値が今よりも格段に高まるように、生活圏の集約化やそれに伴う社会基盤とそのマネジメントの戦略的再構築、長期的な国土形成ビジョンを持つ。
・情報通信網、人工知能（AI）、ロボティックスや自動運転などの先端技術を用いて、国連「持続可能な開発のための2030アジェンダ」とそれに掲げられている持続可能な開発目標（SDGs）も参考にしながら、再生可能エネルギーの利用が増大し、森林資源や都市鉱山などの資源が循環利用され、自然と共生した観光立国や海洋立国といった側面も際立つような、持続可能な社会を構築する。
・巨大災害対策や地方人口の安定化の目的から、道州制など持続可能な地方圏を創成する制度や、人材・資源が過度に集中せず適正に分布配置される仕組みなどの構築・導入を早期に進める。
・防災は国など広域行政の責務である。事前復興計画の策定や防災省の創設など、来たるべき巨大地震や気候変動に伴う極端な気象の頻発などによる

――――――― コラム④　持続可能な社会のための千年科学技術：ポストSDGsを見据えて　*155*

国難への備えを万端にする。

寺島実郎氏や小宮山宏氏、平田オリザ氏ら有識者へのヒアリングやデザインコンペを通じて今後ますます重要になるとされたのは、地域コミュニティのつながりや各人の自己実現などであり、それを支える社会基盤はどうあるべきか、であった。

子ども向け雑誌に掲載された未来の東京の想像図。ハードのインフラが一通り整った次に考えることは、コミュニティなどソフトのインフラと言えるかもしれない（出典：『たのしい四年生』1961年1月号口絵、福島正実／案、伊藤展安／絵）

20世紀に夢見られていた21世紀の国土を形づくるリニアモーターカーや大規模橋梁・トンネル、あるいは空に浮かぶ都市といった建造物先行の未来像ではなかった点は夢がないとも言える。しかしながら、マズローが唱えるところの人類の生存欲求や安全欲求が長年の努力の結果ようやくそれなりに満たされ、承認欲求の充足がより求められる時代が来るという見方もできる。詳しくは土木学会ウェブページ上で公開されている提言をご参照いただきたい。

千年はあまりにも遠すぎる将来だというのであれば、まずは22世紀を展望したビジョンに思いを巡らせてみてはいかがだろうか。

（『環境ビジネス別冊　SDGs経営』VOL.1・2より転載）

コラム⑤

あなたの知らない "土の世界"：
放射性セシウムとの関係

溝口　勝

2018年12月25日（火）のクリスマス、東京大学農学生命科学研究科・食の安全研究センターで第39回サイエンスカフェ「あなたの知らない "土の世界"：放射性セシウムとの関係」が開催されました。同研究科教授の溝口勝氏の話題提供で、実験を交えた土壌学の基礎に始まり、粘土の粒子の構造や特性、そして福島の農地再生に関わる放射性セシウムと土の関係について、被災地での持続的な支援の取り組みを通じて得られたデータや経験などとともに聞きました。放射性物質除去や被災地支援における被曝管理などへも質問があり、客観的な立場からの情報提供に徹し、現地の状況を把握しながら事実を追求し、解決策を探求し続けていく姿勢などについて対話を進め理解を深めました。本人は「マイケル・ファラデーが1860年に行ったクリスマス・レクチャー "ロウソクの科学" を意識した」そうです。

1．土ってなあに

土とは何か。土壌、土質、ドロ、土地など言い方もいろいろで、定義も分野によって異なります。ここで実験をしてみます。土の足し算で水50＋水50、砂50＋砂50はどうなるか。普通なら100と答えます。カップに3分の1ほど砂が入っていますが、砂のかさと同じくらいに見える水を砂のカップに入れると、どうなるでしょう。

何かがプクプクと出てきて、砂と水の足し算は単純には成り立ちません。水と砂のいろいろな粒のほかに間に空気が入っているからです。砂の中に隙間ができている部分は、上から水が流れてきたけれども、砂の中に溜まっている空気が逃げ場を失って、行き場を求めてつくった空間です。自然を観察している

と、こうした現象はしばしば見られます。

　逆に、水の入った容器に上から砂を入れると、最初から空気が抜けながら入っていくので砂粒は隙間なく水に入っていく。砂に上から水を入れたときは抜けきれない空気が中に溜まっていましたね。これらの単純な実験から何がわかるか。土というのは、固形の粒と空気と水、基本的にその3つで成り立っているということです。

　別の実験です。畑の土を砕いて入れたボトルに水を加えてよく振り、しばらくこれを置いておくと、まず先に砂が沈みます。ではこの濁った部分は何でしょう。これは粘土と呼ばれるものです。実は土にとっては粘土がけっこう重要です。

2．土壌のなりたち

　自然界の土は普通地上に植物が生えていて、地下では根が深いところへいくほどに粒子が変わってきます。実験でご覧いただいたように、土は粒子と水と空気でできていますが、土の粒子はその物理的な性状で砂、シルト、粘土と区別し、約1000分の2mm以下の粒子を粘土、0.2mm以上は砂、その間のものをシルトと言います。いろいろな大きさの粒子が合わさって土をつくっています。なかでも1000分の2mm、2μm（マイクロメートル）以下の粒子である粘土は水に沈みにくくて、水を含むとドロドロになり、乾くとガチガチに硬くなります。先ほど混ぜて置いておいた水と土のボトルの中でまだ沈みきらずに濁っている部分、そこにある粒子が粘土です。

　粘土にはカオリナイト、ハロサイト、イライト、バーミキュライト、スメクタイト、アロフェンなどいろいろ種類があって、それらの多くが世界中で使われています。カオリナイトというのは、陶土として磁器の原料になっています。食器などの焼き物は、粘土に水を入れてこねて、1000℃くらいの高温で焼いているんです。バーミキュライトは、花崗岩という、長石、石英、黒雲母という3つの鉱物でできている石がありますが、その風化の過程で黒雲母が風化してできるものです。これが今回、放射性セシウムを考えるときのポイントになります。

158　第3部　環境共生の歩み：公害、ローマクラブ「成長の限界」、地球環境から、SDGsまで　—

粘土粒子の構造は、たとえばケイ素、Si に O がついて二酸化ケイ素、さらに O や H が連なり、シート状になっているもの、アルミニウム、Al もシート状になっているもの、それらが合わさって、バーミキュライトのように何枚も連なったような形を成しています。化学構造は全部わかっていて、不足してきている陶土用に人工的につくっているところもありますが、つくるためには電気代がかかってしまうので、つくらないのが普通です。

3．土の働き

　食料をつくる、環境を守るというのが、土の大きな役割です。いろいろな土、粘土鉱物はでき方もいろいろで、掘ってみると場所ごとに色も違いますが、慣れてくると、少し掘ってその場所の土を見てここの粘土は何なのかを見分けられるようになります。

　土の粒子はどうやってできるのか。基本的には雨と温度です。熱帯雨林や乾燥帯などさまざまな気候があり、異なるでき方でいろいろな土壌ができます。世界の土壌図というものもありますので、世界各地にいろいろな土壌があることを知っておいてください。

　土壌の研究分野は非常に多種多様で、土壌学の中に、たとえばペドロジー、土壌生物学、土壌化学、土壌物理学などがあり、日本土壌肥料学会にも土壌物理部門、土壌化学、土壌生物、植物栄養等々の分野があって多岐に分かれています。海外の土壌学の世界も同様です。土がテーマですが、さまざまな角度から別々に研究していて、たとえば土壌物理を専門とする人は植物栄養のことはあまりわからない、土壌生物が中心の人は土壌物理はわからないといった側面もあるなど、複雑な分野ではあります。僕自身は土壌物理の出身です。

4．基礎学に立脚した現場主義

　2011 年の東京電力福島第一原子力発電所の事故があり、セシウム、除染といった言葉を何度も耳にしたと思います。あのとき私が一番ショックで悔し

かったのは、土やセシウムと粘土鉱物との関係がきちんとわかっている人の意見や理論がマスコミなどで取り上げられなかったことです。普段から土について注意を払っていないからでしょうか、こちらが懸命に話しても、「説明されてもわからない」という態度でした。あれほど大丈夫だと言われ信頼していた原子力発電に対して、誰も責任をとっていないではないか、という形になってしまったことで、「科学技術は信じられるのか」という気持ちを日本中に蔓延させたことが、セシウムをまき散らしたこと以上に今回の原発事故の傷手だったと私は思っています。今日はそこをあえて問うて、考えたいと思います。

5．農学栄えて農業滅ぶ（第8章図12）

「農学栄えて農業滅ぶ」、農学の祖とも言える明治時代の人、横井時敬の言葉です。学問はいっぱいあるんだけれども、本当に農業のためになっているのかと言われると耳が痛い研究者も多いと思います。『天空の城ラピュタ』の主人公シータの名言「どんなに恐ろしい武器を持っても、たくさんのかわいそうなロボットをあやつっても、土から離れては生きられないのよ！」。今回の原発事故で強制的に避難をさせられた福島の人たち、とくに農家の人々のことを表すのに、この言葉は重要なポイントだと私は思っています。

そんな思いもあって、僕はけっこう早くから福島の飯舘村に入っていろいろな除染法を試みました。凍土剝ぎ取りによる農地除染は、事故から1年も経たないころですが、たまたま土が凍っているのでそれを剝がすと板チョコのように、セシウムを含んだ土がきれいに剝がせたんです（後述）。震災によって原発がコントロールできなくなった直後、放射性セシウムが問題になることが理屈のうえではわかっていたので、すぐに勉強会を催したりして、以来ずっと活動を続けています。

6．飯舘村はどこにある？（第8章図1）

今回のサイエンスカフェの2日前にも飯舘村に行きました。飯舘村は福島第

一原発から西北方向に 30 〜 45km のところにある村です。東京電力福島第一原子力発電所が水素爆発を起こした 3 月 15 日は、その水蒸気雲が風で流れて行っているときに雨が降りました。空気中のいろいろな放射性物質が折しも飯舘村の方向に吹いていた風に乗って運ばれ雨とともに落ちてきたんです。こんなに離れているんだから大丈夫だろうと思っていたら、風の影響で北西方向に広がって汚染されてしまったんですね。

　先ほど「科学技術が問われている」と話したことのもう一つの理由として、SPEEDI の運用の問題があります。原発が万一事故を起こした際、どのように物質が移動するかをシミュレーションし予測する SPEEDI という道具があって、福島の原発事故では北西方向へ向かっているらしいとわかっていた。それなのにその内容は公開されず、国民、とくに福島の方々に、「科学技術とは一体誰のためのものか」と思わせてしまったというのがあります。

　飯舘村は標高が高く涼しいところで、原発事故前は牛、コメ、花などが有名でした。一部地域を除いて、2017 年 3 月 31 日に避難指示が解除されました。その年の 1 月に飯舘村に帰還したいかどうかなどのアンケートも行われましたけれども、すでに 6 年経過していたこともあって、「戻りたい」と答えた人が33.5%、「戻らない」と決めている人が 30.8%、決めていない人が約 20% ということで、数年間の避難生活によって、戻る人が少なくなってしまうような状況になっています（第 8 章図 2）。

　「戻りたい」人の中でも、「すぐに」「3 年後」「5 年後」との選択肢に、「すぐに」という人が戻りたい人のうちの 42% となっていますが、実際は避難前に 6000 人いたところ 400 人戻っているかどうかという状況のようです。このように、原発の事故が村の人たちの生活に大きな影響を及ぼしています。

　そうした中、2012 年 9 月から本学の農学部では我々としてやれることをしようと、学生を連れて行ったり、いろいろな調査をしたりしました。私自身は2011 年 6 月から通ってかれこれ 7 年（2018 年 12 月時点）になります。

　調査のため飯舘村で採取した土や植物、キノコ類まですべてを東京へ送ってもらいました。農学部の職員有志でつくった「サークルまでい」というグループの人たちが、そうした試料を測定用の瓶に詰め替えて、すぐ隣にある RI 施

設（アイソトープ農学教育研究施設）に運び、自動的にデータにして返す、この
サイクルで延々とデータを取り続けました。このサイクルは、大学と村の人た
ち、ボランティアの人たちの連携でなし得たよい流れでした。

　除染方法の開発にも取り組みました（第8章図4）。国の除染法はとにかく国
任せなので、村の人たちはいつ順番が来るのか、本当にきれいになっているの
かと心配が続いていました。我々は協力してくれる地元の農家さんと自分たち
でできる除染法をつくっていこうと、いろいろなことをしました。除染法を施
した場所でコメの栽培試験もして、コメに入るセシウムは、ぬかに入るのがほ
とんどで、白米にはほとんど移動しないことも、2012年の段階からデータを
取っていました。しかし、国から認められている除染の手続きやコメの栽培で
はないので、秋に収穫したコメは全部埋めるようにという国の指示のとおり、
収穫しては埋めることを2、3年繰り返していました。

7．土中の放射性セシウム

　土中の放射性シウムというのは、ほとんどが地表から5cmよりも上の浅い
層にあります。退官した本学の塩沢昌先生たちのグループが二本松の圃場で
取ったデータで、ほとんどが表層の5cmまでの部分、たとえればプリンのカ
ラメルソースのような状態にあります。雨が降ってもそれは変わらず、セシウ
ム134でもセシウム137でも同様です。つまり、プリンのソースのところを集
めれば、ほぼ除去できることになります（第8章図3）。

　ところが、なかなか除染が進まないでいる間に、中山間地の水田ではイノシ
シが餌のミミズを掘り出そうと土を掘ってしまう。表層の土が崩れたプリンの
ようになっている。こういうところを固めて除染をするというのは、ある程度
中に残ってしまうけれども、それも仕方がないのだろうか、ということが続い
たんです。

　セシウムは、周期表で見るとわかるように、水素、ナトリウム、カリウムと
同じ系列にあります。この系列は水の中に入ると1価の陽イオンになります。
東日本大震災で起こった三陸沖の津波ではほとんどの場合NaClの形でナトリ

図1 放射性セシウムは粘土表面の穴に落ちている

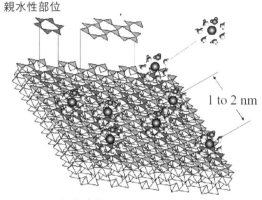

by Prof. C.T. Johnston @Purdue University
[出所] http://www.iai.ga.a.u-tokyo.ac.jp/mizo/seminar/cliffslide.pdf, p.45

ウムイオンが田んぼに入ってきました。福島の飯舘村、大熊町のあたりは、同じ一価のセシウムが飛んできて土に入った。性質の似ているものが入っているのに、ナトリウムは簡単に抜けて、他方は全然抜けない。ナトリウムのほうは真水や雨をかければ抜けていくのに、セシウムは雨が降ろうと雪が積もろうと、何年もほとんど動かない状態のままです。

セシウムが動かないのは、バーミキュライトなどの粘土鉱物にその理由があります。粘土鉱物の表面にはたくさんの穴が空いています（図1）。化学では、アルミニウム八面体、シリカ四面体と言っていますが、それらが構造をつくるとシリカ四面体の表面に穴が空いたようになります。その穴のサイズがセシウムとほぼ同じなんです。ナトリウムはサイズが小さく、通常は周りに水をつけた水和状態で塊で動き、この穴には嵌まらないんですが、セシウムはここへ来るときれいに嵌まってしまい抜けなくなります。これが粘土とセシウムの不思議な関係です。

パックに入った卵にたとえてみます（図2）。粘土の中はもともとシートがサンドイッチ状の構造をしていて、その間にはカリウムが入っています。カリウムが接着剤のように粘土鉱物同士をくっつけています。カリウムは周期表

図2　放射性セシウムはカリウムと入れ替わって農地土壌中の粘土粒子に固定される

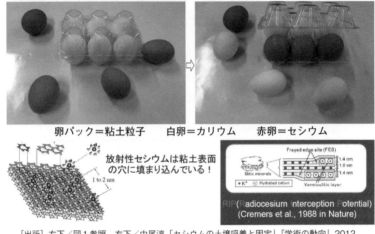

[出所] 左下／図1参照。右下／中尾淳「セシウムの土壌吸着と固定」『学術の動向』2012, 17(10), p.42：https://www.jstage.jst.go.jp/article/tits/17/10/17_10_40/_pdf

図3　飯舘村役場横の斜面の放射線量測定（2011年6月25日；溝口・登尾浩助）

で見たとおりセシウムとも同族系です。粘土鉱物が風化する過程で卵パックがパッと開いて、白い卵であるカリウムがちょっと出てしまい、それを押し出して代わりにセシウムが入ってしまうんです。このようにカリウムとセシウムが今も置き換わっていっています。しかもセシウムのサイズがカリウムより少し大きいため、きつめに嵌まってしまうんです。だからいっぱい入るとなかなか抜けないんです。

　セシウムが粘土表面に嵌まっているのを証拠づける写真が図3です。私と友人が震災発生の3ヶ月後の6月25日、飯舘村の崖のところに放射線計を当てて線量を測定しました。すると、一番上が2.5μSv/h、真ん中が3.5μSv/h、一番下は7.0μSv/h、放射線が下のほうほど高いんです。切り立っている場所に3月15日に一斉にセシウムが落ちてきて、その後に雨が降って、3ヶ月後に行くと下のほうが放射線量が高い。なぜか。

　ヒントは粘土です。写真の崖の赤い土に雨が当たると、泥水になって下に行く。セシウムは粘土の穴に嵌まってしまう。その粘土の粒子が泥水となって流れ落ちて下のほうの草のあるところで引っかかって溜まっていく。粘土が溜まっているところにはセシウムが多い。したがって放射線が高くなるという状況です。

　参加者：カリウムが補充されると、セシウムの検出が懸念されるレベルになることはないのでしょうか。

　植物は成長するのに基本的にカリウムを欲しがっていますから、同じ除染の程度で圃場が2つあるとして、カリウムが入っていると若干放射線量が抑えられるんですね。カリウムが入っていると、玄米やぬかに入ってくるセシウムが少なくなります。植物はカリウムが足りないと、それに似ているセシウムを吸ってしまうのですが、カリウムが十分にあると、カリウムを吸うからセシウムは吸われずに済むんです。それで農家さんは県とか国の指導で、コメをつくる際は塩化カリウムを余分に入れるようにしているので、セシウムが検出されないでいます。年数が経つにつれてセシウムが粘土鉱物の中に取り込まれてい

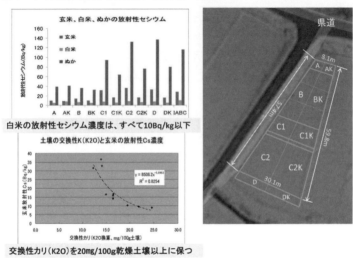

図4　イネの栽培試験（平成24〈2012〉年度）

きますが、それが植物のほうへ抜かれて再利用されるということはありません。

参加者：カリウムが入ってくることによって、粘土鉱物からセシウムが陽イオン交換で出てきてしまうということはないのでしょうか。

カリウムとセシウムでは、セシウムのほうが圧倒的に粘土にくっつきやすいですから、大丈夫です。これはイネの栽培試験もしていて、そのときのデータでもカリを入れると放射性セシウムはほとんど出なくなっています（図4）。

8．国の基準と農地除染のさまざまな取り組み（第8章図4）

　表土削り取り、水による土壌攪拌・除去、上の土と下の土を入れ替える反転耕という3つの方法が、2012年の8月、国の基準としてできあがり、セシウム濃度が1万Bq(ベクレル)/kg以上の汚染土については表土削り取り、5000〜1万Bq/kg未満については水による攪拌、5000Bq/kg未満は上と下の土を

反転させるだけでいいという基準をつくったんですが、「なぜ自分たちは何も悪いことをしていないのに、自分の土にそれを残しておかなくてはいけないんだ、全部持っていってほしい」という住民感情にも配慮して、表土削り取りが延々と続いていきました。

その結果、剥ぎ取った土が積み上げられてピラミッドのように山積みになっています（第8章図5）。この写真は中間貯蔵ではなく、その前の状況です。中間貯蔵地へ移動し、さらに最終処分地へ持っていくことになっているのですが、置く場所が決まらないことには除染作業もできませんから、役場の方々など大変なご苦労なのではないかと思います。

参加者：表土を削らないで、客土をするという方法は検討にのぼらなかったんですか。

客土というのは農地に別のところから来た"お客さん"の土を入れる方法です。地表面のセシウム濃度が高すぎるため、土を削らない場合には1mくらい土を被せないと放射線量が下がらない。また被せる土が圧倒的に足らない。そのため飯舘村では、5〜8cmの表土を削り取ったあとに客土したのですが、そのために村内の山がいくつか消失してしまいました。

図5　板状に剝ぎ取られた凍土（2012年1月8日）

地表面からの放射線量(コリメータ付)が1.28μSv/hから0.16μSv/hに低下

農地の除染では凍土剝ぎということもしました。土の表面に多くセシウムがあるのですが、この地域は冬期気温が非常に低く表土が凍ります。凍った表土はうまく板状に剝ぎ取ることができます（図5）。この方法が非常に簡単に表面の土を集められるというので、河北新報が「凍る水田除染一気」というタイトルで掲載（2012年1月17日）したのですが、2日後の東京新聞は一部を削って同じ見出しで掲載していたんですね。削除部分には「（前略）机上の発想と違い、村の実情に合って莫大（ばくだい）な金も掛からない方法だ」と書いてあったんです。東京新聞がこの部分を削った理由はわかりません。このときに、都市部の人と地方とでは認識にずれがあるということを知るとともに、マスコミの情報も必ずしも一枚岩ではないということを知りました。

9．田車による除染実験

　凍土を剝ぐ方法のほかに、田車（たぐるま）代かき掃出し法という方法もあります。田

図6　田車による除染実験（2012年4月）

図7 田車代かき掃出し法の効果

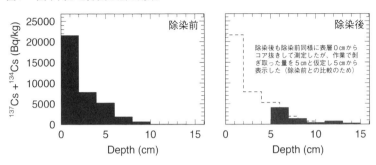

[出所] ふくしま再生の会：http://www.fukushima-saisei.jp/

車は田植えの後の除草に昔から使っているものですが、これを使って水田の土を混ぜて泥水にして流すという方法です（図6）。これで除染前と除染後でこれほどセシウムを取り除けるということも現地で実証できています（図7）。

先ほどご質問が出ましたが、汚染土の上にそのまま客土するのと、表土を削ってから客土するのとでは、農地に残るセシウムの量が圧倒的に違いますから、やはり表土を剝ぎ取る、プリンのカラメルソースの部分を剝ぎ取って客土するというのが、最も効果があるというのが、その時点での議論でした。

田車法の場合、混ぜた泥水を次にどうするかと言うと、圃場の横に排水路を設けて一気に流します。数ヶ月後に流したところの土を採って計測すると、表面10cmくらいのところにセシウムはあるけれども、それより深いところへはほとんど行かないんですね（図8）。この実験も河北新報で紹介されました。すると、実験場所から20〜30km下流にある南相馬のある主婦から、「なんということをしてくれるんだ、そんなことをしたらうちのほうの地下水が怖くて飲めないじゃないか」という苦情の電話が私どものNPO法人の事務局にありました。

田車法で流した泥水のために下流に汚染土が届くという懸念については、それはあり得ないんです。「なぜなら」というのをこれから実験その3でご覧いただきます（図9）。不要なペットボトルを利用して漏斗を作り、水を濾過してみます。砂は少量ですが、水を通せばもちろんほぼ透き通った水が出ます。

図8　除染土壌の処理実験

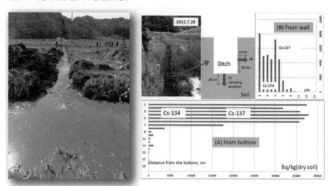

洗い流した泥水を溝に蓄積しておき、干上がった後に溝の底と側面の土壌をサンプリングして深度別に放射能測定した結果

セシウムは土の中に浸み込まない

図9　土の濾過機能

泥水は砂の層を通るだけで透明になって出てくる。放射性セシウムのほとんどは粘土粒子に強く吸着（固定）されているので、セシウムだけが水中に溶け出ることはない。
農地の下の土はこの実験の砂の層よりも厚い上に、砂よりも細かい粒子で構成されていることが多いので、放射性セシウムを固定した粘土はそれらの粒子の間に次々に捕捉される

［出所］砂による泥水の濾過（M. Mizoguchi）：https://www.youtube.com/watch?v=J3fHtWNLXh4

同様に土と水を混ぜた泥水を通してみると、やはりほぼ透明な水になります。これは何を意味するか。先ほど田車で田んぼの土を混ぜて泥水にしたものを排水路を設けて流しました。実験と同じように泥水を流しても下から流れ出てくるのは透明な水です。泥水の中に浮かんでいるのは粘土鉱物で、そこにセシウムが嵌まっています。その泥水が途中の砂粒の間を通過する間に粘土鉱物は漉し取られてそれ以上先へ流れていきません。

　これは今日のテーマ「土の科学」の興味深いポイントの一つでもありますが、土が濾過機能、フィルターの役割を果たしているのです。最初の実験で、砂の中には隙間があってそこには空気と水がありました。田んぼの泥水を排水路に流す場合も同様に、泥水が土を通過する過程でその隙間に泥水の成分である粘土の粒子が引っ掛かる、その引っ掛かったところにさらに次の粘土粒子が引っ掛かって積み重なっていきます。そうした結果、下から出てくるのは透明な水だけです。セシウムが嵌まってしまった粘土粒子が下流まで流れていって下流の水を汚染するということはないわけです。

10. 汚染土の埋設という工法の実験

　土はいろいろな大きさの粒子から成り、その隙間に泥水が通過していく間に粘土粒子が引っ掛かり、下流まで粘土が流れて汚染するということはない、ということは、実際に汚染された土を削り取って埋めちゃえばいいんじゃないかということで、実験もしました。汚染土を 50 〜 80 cm の深さに埋めて、その上にきれいな土を被せます（図10）。その上につくった田んぼで水を使ったら、泥水がその土の中を通っていくわけです。きれいな土を 50 cm かけると、汚染土から出てくる γ 線が原理的には 100 分の 1 〜 1000 分の 1 に減衰します（図11）。ここでは土の粒子そのものが放射線の γ 線を遮蔽する効果が示されています。

　汚染土を削り取り、穴を掘って埋める。埋める深さについては何らかの設計基準は必要ですね。そこで試験のために汚染土を埋めたまま、その上で田植えもする、ということを 3 年間やって線量を計測し続けました。得られたデータ

コラム⑤　あなたの知らない"土の世界"：放射性セシウムとの関係　　171

図10　までい工法（実践）（2012年12月1日）

汚染土の埋設

よいとまけ（土の締固め）

図11　汚染土は素掘りの穴に埋めればよい

[出所] 宮﨑毅・三輪睿太郎（2013）「除染に関する問題の所在と土壌科学の課題」学術会議叢書20『放射能除染の土壌科学――森・田・畑から家庭菜園まで』p.18

が（第8章図7）のグラフです。左図の土中に立ててあるパイプに放射線計を半年に1回ずつ記録するという方法です。もしセシウムが汚染土から出て下にずれていくならば、グラフのピークが下にずれていくだろうということですね。

　3年間計測し続けた結果、土中の放射線量のピークの高さ自体は自然減衰によってだんだん小さくなってきましたが、ピークの位置はほとんど変わっていません。つまり、埋めっぱなしにして、上で普通に田んぼをつくって水が下に浸透していってもセシウムは下のほうにはまったく移動しないということが、現場での実験でわかったわけです。第8章図7は縦軸の150というところが地表レベルです。草が生えているところです。地中でいろいろな深さのところで線量を計測しました。

　参加者：地上の高さのcpmが高いようですが。

　そうです。実は地上部のほうが地中よりも高いんです。これは埋めた汚染土ではなく、除染されていない周囲の山から来る放射線の影響です。同じ飯舘でも長泥のあたりはまだ除染していないので空間線量率は高いのですが、実験をした佐須の放射線量率は事故当初からから2μSv/hあるかないかで、今は0.2μSv/hくらいです。

　除染が終われば終わりではなく、元の暮らしに戻るにはどうしたらいいか、除染が終わったあとの農地で何をしていくか、一つずつ問題を解決していかなくてはいけない（図12）。除染で土を削ったあとは肥沃ではない山の土で客土を行うので、そこから土づくりをしなければならない。そもそも農地の土ははじめから肥沃だったのではなく、堆肥による土壌改良など農家の努力によってよい土になっていたのであって、客土のあとにそれを繰り返すことは可能です。ただ、それほどの苦労をしてまで農業をやろうという人たちが地元にどれだけ残っているだろうかということが問題です。

　担い手の問題は日本農業の共通の問題です。日本の農業が面白いかどうか、夢を与えてくれるようなものであるかがとても重要です。やる気のある農家にとってはこれからが面白いんだということです。新しい日本型農業を飯舘から

コラム⑤　あなたの知らない"土の世界"：放射性セシウムとの関係　　*173*

図12　除染後の農業をどう考えるか

第7回ふくしま再生の会活動報告会（2014.10.15）より

- 客土後の農地再生
  - 土地改良後に農地の肥沃度が失われるのは当然
  - 改良技術によって農地を再生してきた
  - 農家のやる気維持が問題である

- 担い手は日本農業の共通問題
  - やる気のある農家にとってはこれからの農業は面白い
  - 新しい日本型農業を飯舘から始めるチャンスでもある

- 現状で農家は戻ってくるのか？
  - 農業を応援する仕組みが重要
  - 農地集積バンク制度を利用しながら企業や新規農業者を呼び込む
  - 新しい農業教育コースを高校・大学につくり全国から数名だけ推薦入学

始めるチャンスでもあると思っています。

11. 排水不良解決の工夫——暗渠排水

　あまり知られていないことですが、除染後の農地というのは排水不良で、なかなか水が抜けないという問題があります（図13）。表土を削った分、バラツキはありますが5cm以上の客土が入っています。図14の写真で、黄色っぽい土が山の土で、下のほうが元の土。この土を混ぜながら肥えた土に変えていく必要があります。そして、水が抜けないのは、除染をするとき重機を使用して平すので、重機の重みで固まってしまうからです。

　通常の田んぼでは深さ約20～30cmのところは硬盤といってわざと少し固めになっています。硬い層がないと田んぼの水がスウッと抜けてなくなってしまいますから、そうならないように固めてあります。それが、今回の除染では5cmくらいのところを重機で削り取り、客土も重機でならしているため、二重に硬い層ができています（図14グラフ）。そのまま放っておくと雨のあと水

図13 排水不良

降雨
12時 16
13時 22.5
14時 7
計 45.5mm

図14 農地土壌の調査（東京大学環境地水学研究室）

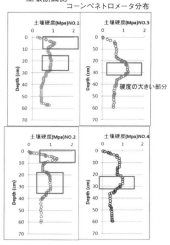

一部、表層部5cm（客土底）で大きい硬度を示す場所がある。これは、客土工事の重機の轍と考えられる。それ以外の場所では、20cmから35cmで貫入抵抗が最大値を示す。これは、もともとの水田の硬盤層と考えられる。35cm以下は粘土層で、水分が多いこともあり、きわめて柔らかい

コラム⑤　あなたの知らない"土の世界"：放射性セシウムとの関係　175

が抜けないんですね。その排水不良の問題をどう解決するかも、これから農地を再利用していくときの一つのポイントになります。

この問題を解決する工夫の一つとして、暗渠排水という方法があります（第8章図10）。今年のゴールデンウィークに地元の方と作業をしました。素焼きの土管を土中に埋めて、山にある杉の枝葉を土管の周りに敷き詰めて土を被せて埋め戻しますと、土中の水分が少しずつ染み込んで土管の中を流れ、農地の排水路まで流れていくというものです。

農地の排水をよくするための方法として、日本に昔からある暗渠排水こそは、国連が決めたSDGs（持続可能な開発目標）にまさに符合する解決策です。もともと杉の枝葉は断ち落としてゴミになる不要なものですが、農地に持ってくれば暗渠の疎水材として使えます。要らないものを他方で役立てる、究極のSGDsだと、工事をしながら思いました。

12. 農地の「見える化」と農業再生へ

今取り組んでいることとして、「安全な農畜産物生産を支援するICT営農管理システム」の開発があります（第8章図9）。現在飯舘村で農業をしている人は避難先から通っているケースが多い状況です。そこで、農地の「見える化」、避難先からでも農地を見守れるモニタリングができるように工夫しています。また、若い人たちに現場を見せて、一緒に活動するための合宿所や人材育成のための学習塾など設けていきたいと取り組んでいます。

2013年2月の福島再生の会で提案したのが、お酒を造ろう、大吟醸酒を造ろうということでした（第8章図8）。ご紹介したデータのように白米にはほとんどセシウムが行かないので、白米を利用してお酒を造ればいいのではないか、同時に地元の特産と伝統的な味付けを活かした酒のつまみを開拓して、福島あるいは飯舘ブランドとして海外へ売り出そうじゃないかと6年前に提案し、ついでにGlobal-GAPの認証を取ろうということも提案しています。今は東京オリンピック前ということもあってGAPは頻繁に話題になりますが、当時はまだそれほどでもありませんでした。どこまで実現できるかわかりません

図15 松塚土壌博物館

改修前（2015.10.11）

改修中（2018.2.11）

改修後（2018.4.29）

　が、実現できたこととして、今年（2018年）大吟醸酒は700本でき、完売しました。田んぼの面積を3倍にして、2019年度は2100本造ります。
　生産者と消費者をつなげる活動や「Dr. ドロえもん教室」と題して農学教育などの子ども向けの活動（第8章図11）もしています。最初に穴を掘った場所に農業用ハウスを被せて土壌博物館としています（図15）。ここでは、先ほどご紹介した客土した土をそのまま見たり、自分で押して硬さを確かめるなどの体験ができます。

13. 復興の農業工学

　有名なハチ公の飼い主である上野英三郎先生は、東大農学部の教授でした（第8章図13）。1900年に耕地整理法、1905年には耕地整理講義を始め、これが

日本の農業工学（農業土木）の始まりとなりました。上野先生がやったことは、食料生産の基盤整備です。田んぼに水を引き、排水をする灌漑と排水、不毛な大地を肥沃な農地に変える農地造成、海外で水のない地域に水を引いてくる技術などを推し進めました。今回お話しした農地除染もいったん使えなくなった農地を使えるようにしようという意味では、この農業工学の大事な一分野と言えます。

　今の私のチャレンジは、除染後の土地利用、帰村後の農村計画、人々が帰ったあとにそこでどのように生活していくか、また地域再生、産業再生といったことになります。これらを上野先生の農業工学にあやかって「復興の農業工学」と称して、各方面でお話ししています。そして皆さんに覚えておいていただくために、上野先生のイラストのシールやカレンダーを作っています。

　四季折々デザインを変えていますが、シールではハチ公を子犬にしています。ハチ公が上野先生のところにもらわれてきたのは1924年1月でした。ところが上野先生は1925年5月に亡くなられてしまいます。上野先生とハチ公が一緒にいられたのはわずか1年ほどなので、ハチ公はまだそれほど大きくなってはいないはずです。そこでシールでは子犬のハチ公の影絵のデザインでいち早く商標登録しました。著作権フリーなのでどんどん使ってください。

14. 科学者としてできること、すべきことをし続ける

　参加者：住民による除染活動においては、被曝管理をされていたのでしょうか。

　我々のNPO法人は必ずガラスバッジと放射線計を準備し、各人に携帯してもらいます。初めて来た人には、どこへ行くと危ないかなどを説明し、きちんとチェックしてもらいます。詳しい説明をしたうえで、活動に参加したい場合はあらためて申し込んでもらうようにしています。

　参加者：被曝量についてのデータはないのでしょうか。

ボランティアでNPOの活動に参加してくれるメンバーが行くところは、最大で1μSv/hあるかないかで、そこに滞在するのはせいぜい30分〜1時間です。除染についての国の基準では家屋から20mまでのところはきれいに除染するけれども、それ以上離れているところは何もしません。20mより奥の屋敷林のところは線量がけっこう高めで、高いときには2μSv/hありますので、そこへの案内は10〜15分程度です。そうした場所へ行く場合には、被曝量の計算も実際にしてもらいます。たとえば、今日行くところの線量は最大2μSv/hで、何時間いたら今日はどれだけ浴びたことになりますかと。実際に計算して「ああ、そんなものなんだ」と実感してもらい、ガラスバッジでも全然上がっていないなと確認してもらうといった管理はしています。

　住民の方でまだ戻っておられる方は少ないですが、一緒に活動している住民の方にも常にガラスバッジはつけてもらって、1ヶ月の被曝量も全部チェックしています。そのデータの積み重ねの結果を見るにつけ、航空機モニタリングなどで一時的に取ったデータを元に議論をするのは非常に危険だと感じています。

参加者：私は帰還困難区域である浪江から今も避難しています。研究で出たデータを根拠に「大丈夫だ」として住宅保障などを打ち切っていくなど、支援収束の方向に国は動いています。避難者は、環境が整うまで待てる状況がなくなっていく、それが住民の困難さにつながっていることをわかっていらっしゃいますでしょうか。

　わかっています。だからこそ、調査をし、事実が何なのかをすべて公表しています。それを使うかどうかは国や行政の仕事です。国がやってくれないからこそ、さまざまな状況を理解したうえで私たちNPO法人はやれることを全部自分たちでやっています。事実は事実であり、帰れないでいる人たちがいることも理解しています。だからと言って、手をこまぬいて何もしないでいたら、いつになったら解決できるのでしょうか。

　冒頭の「科学技術への信頼」というお話のポイントはそこにあります。黒澤

映画の『七人の侍』を観たことはありますか？　はっきり言って僕はその土地の人間ではないけれども、現地に行ってやるべきと思うことをしている。『七人の侍』の世界でなら、僕のやっていることは、あとで責任を取らされて切腹ものかもしれない。それでも、一つひとつ、大学で働く者として、一人の科学者としての責任で、他者がやっていないことをこつこつやっています。さまざまな状況に置かれている人たちがいることは、村の方々と話してよく知っています。その一つひとつを常に噛みしめ、自分のできることは何かという思いでいつも取り組んでいます。

（東京大学農学生命科学研究科・食の安全研究センター：http://www.
frc.a.u-tokyo.ac.jp/information/news/181225_report.html より転載）

コラム⑥
環境化学物質の毒性とレギュラトリーサイエンス

那須民江

1. 地球を救うことはできるか？

　「地球を救うことはできるか？」これはルネ・デュボスの『地球への求愛』の中の一節である。現在、地球環境に関わる問題は枚挙に暇がないほど各方面から論じられている。私は30年近く環境化学物質の毒性に関する研究をしてきた者として、この問題にどのように関わってゆくべきかについて、常に考えざるを得ない。

　米国の海洋生物学者レイチェル・カーソンがDDTなどの農薬による環境汚染の生態系への影響を鋭く指摘した名著『沈黙の春』を世に出したのは今から40数年前である。カーソンはDDTをはじめとする有機塩素系農薬の難分解性に着目し、食物連鎖や生物濃縮を通じて野生生物が絶滅するのみならず、人間の健康にも影響を与えることを警告した。この著書は当時のケネディー大統領の心をとらえ、全世界の人々の環境意識を変え、活発な市民行動を生み出すこととなった。その後導入されたさまざまな化学物質政策により環境問題は一時的に沈静化したが、最近になって、『奪われし未来』（シーア・コルボーン他2名）の出版を契機として、再び新たな毒性の問題が浮き彫りにされることとなった。これは我々毒性学者が目を向けることがなかった低濃度化学物質の生殖・発達毒性、つまり次世代への影響を指摘したことに大きな意味があった。しかし、この問題の発端がワニ等の野生生物に残留していた有機塩素系農薬のDDTであり、カーソンの指摘した化学物質であったことを知ったとき、あらためて女史の環境意識の深さに敬意を表すると同時に、DDT等の蓄積性のある化学物質の生物・地球環境への負荷の大きさを認識させられるのであった。

　カーソンが生きた20世紀の中ごろ、我が国は水俣病、イタイイタイ病、PCB中毒、四日市や川崎喘息等の公害病が社会問題化していた。これらの問

題に対しては公害対策基本法が制定され、有害物質の排出が規制されることにより解決が図られた。一方、PCBによる環境汚染および健康被害の発生を契機として、化学物質の審査及び製造等の規制に関する法律（化審法）が昭和48（1973）年に制定された。これは新規化学物質の製造または輸入を行うにあたって、事前に安全性の審査を受けることを義務づけた法律である。既存の法律がある食品添加物、農薬、肥料、飼料添加物、医薬品を除き、高蓄積性あるいは難分解性で、かつ長期曝露による毒性を発現する恐れのある物質が対象となった。分解性、蓄積性、毒性試験（復帰突然変異試験、染色体異常試験、詳細な毒性試験）が検討され、環境汚染を阻止するとともに、ヒトの健康障害の防止を目的としている。この法律では、難分解性の化学物質に関しては、その毒性評価が行われるが、一方、易分解性の化学物質は安全化学物質とみなされる恐れがある。かつ、次世代への影響に関して十分な配慮がなされていないことが問題である。

　一方、産業現場では、職業性疾病の発生を防止するために、職場において労働者が曝露を受ける可能性のあるすべての化学物質を対象とし、有害性の調査を行うことが義務づけられた（労働安全衛生法）。化学物質には製造中間体や生体抽出物も含まれるため、化審法より広範囲の化学物質をカバーしている。しかし、有害性はがん原性の疑いがあるか否かでスクリーニングされており、他の毒性のチェックは十分ではない。このように、我が国においても化学物質の管理に関しては、次世代への影響（生殖・発達毒性）に関する評価が低かったことは否めない。

　最近の職業性中毒の発生を見ると、フロン代替溶剤として使用された2-ブロモプロパンよる生殖器・造血器障害、1,1-ジクロロ-2,2,2-トリフルオロエタン（HCFC-123）による肝障害の事例が注目される。前者は我が国での発生ではないが、しかし中毒発生当時の製品安全データシートには特別な毒性情報は記載されていなかった。分解良好物質ということで、毒性実験が十分行われていなかった可能性がある。フロンは過去に合成された化学物質の中では最も安全とされ、「輝く科学の星」と賞賛された化学物質（『奪われし未来』）で、冷蔵庫の冷媒やスプレーの溶媒としても使用され、国民の生活に貢献した化学物

質である。しかしオゾン層破壊の原因物質であることから、「環境にやさしい」と称される代替フロン HCFC-123 が開発された。この HCFC-123 に関しては急性、亜急性および慢性の吸入毒性、変異原性、催奇形性、皮膚刺激性、発がん性が検討され、事実上問題となる毒性は示さないとの結論が得られていた。しかし 1997 年ベルギーで 9 名の肝障害の症例が、我が国でも 1998 年に 9 例、1999 年に 11 名の肝機能異常者（うち 5 名は肝障害で入院加療）が発見された。実験動物よりヒトのほうが感受性が高いことも考えられ、注目すべきである。このような事例から判断した場合、現存の化学物質の管理は十分と言えるだろうか。

　私は 30 年近く信州大学で有機溶剤の代謝と毒性に関する研究を行ってきた。この間、私の頭をずっと悩ませてきたのは、化学物質の代謝的活性化の問題である。多くの化学物質は生体のシトクロム P450 で代謝され、より極性を持った物質に代謝され、排せつされるが、この過程でより活性の高い物質に代謝されることが多い。このシトクロム P450 は本来生体防御蛋白であるのに、なぜこのような破壊的方向に働くのか自問自答してきた。答えの一つは、地球と生命誕生の歴史から考えた場合、私たちが、あまりにも短期間に（生命誕生から現在までを 1 年暦で示した場合、たった 2 秒間）、しかも自身の生理機能を無視し、経済性、利便性、快適性のみを優先して多くの合成化学物質を開発してきた結果であるという結論である。代謝的活性化する合成化学物質の開発はこの最たる例である。2－ブロモプロパンや HCFC-123 のエピソードに代謝的活性化が関与していたのか否か不明であるが、多くの発がん物質や有機溶剤は代謝によりさらに活性の高い毒性を発揮する化合物となる。現在注目の渦中にある外因性内分泌かく乱化学物質（環境ホルモン）は代謝的活性化とは視点が異なるが、核内受容体を介した毒性発現という点では同類の問題を抱えている。本来の生理作用を有するホルモンと類似した化学構造を持った物質が登場したために、さまざまな内分泌かく乱作用が生じているのである。

　種々の健康問題を予見し、未然に防ぐことが社会医学の本質と思われるが、過去における社会医学の多くは残念ながら後追いであった。人類は「望ましい環境をだめにする性癖」と「自然を改善できる能力」の両面を持つという（『地

球への求愛』)。先人の科学をすべて否定するのではなく、反省を加えながら、発展的に捉えつつ、最新の科学的技術を駆使し、全力を投入すれば地球を救うことができると信じたいし、そのように行動すべきと考えている。

2．レギュラトリーサイエンスについて考える

　内山充氏は日本リスク研究学会誌（2002：5-10）の中で、「レギュラトリーサイエンスとは科学技術の進歩を人間との調和の上で最も望ましい姿に調整する科学」と定義し、学問としての位置づけが必要である、と述べている。

　表紙の画（図1）は 環境中有害因子のレギュラトリーサイエンスの俯瞰図である。上の6コマは左上から時計回りに、農薬、放射性物質、PM2.5（大気汚染）、鉛（不法投棄された鉛の酸電池）、放射線業務従事者、食品中水銀（水銀を含

図1　レギュラトリーサイエンスの流れ

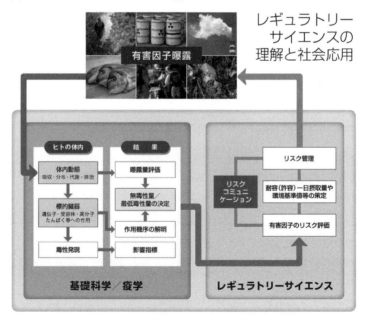

んだ魚）のイメージ図である。我々ヒトの体内に吸収されたこれらの有害因子は全身に分布し、代謝され、排せつされる。代謝物は曝露指標に用いられることもある。一方で標的臓器に分布した有害因子やそれらの代謝物は遺伝子や受容体等に作用し毒性を発現する。これらの有害因子の曝露情報や毒性作用機序等の解明から、無毒性量／最低毒性量が求められる。これらの研究は実験動物を用いた基礎科学的手法あるいはヒトを対象とした疫学的手法を用いて主に大学や研究所で行われる。このようにして得られた科学的情報を用いて、行政においてリスク評価が行われ、有害因子の耐容（あるいは許容）一日摂取量（ヒトが生涯にわたって継続的に摂取し続けても健康に影響が出てこないと推定される1日の摂取量で、週や月当たりで求められる場合もある）や環境基準値等が策定され、リスク管理が行われる。これに伴いリスクコミュニケーションも容易に行えるようになり、健康が担保される社会が形成される。

このレギュラトリーサイエンスを行うためには、第一に無毒性量／最低毒性量が明確に提示されるよう計画された研究が必須であることは述べるまでもない。有害因子のレギュラトリーサイエンスは科学と社会をつなぐ「安全性科学」と言うことができる。

3．レギュラトリーサイエンスの理解と社会応用

我が国は戦後の高度経済成長時代に、環境汚染に起因した水俣病、イタイイタイ病、四日市ぜんそくなどの公害病や、産業の現場で使用された有害物質による職業病が多発し、それぞれ環境基準値や許容濃度などを求め、明示することにより対応してきた。しかしこれらの基準値がどのように策定され、我々の生活や職場環境の安全性が確保されているかという社会的仕組みについては必ずしも一般に理解されていない。

図1でも示したように、レギュラトリーサイエンスは、科学技術の成果を人と社会に役立てることを目的に、根拠に基づく的確な予測、評価、判断を行うための科学（『科学技術基本計画』平成23年8月19日閣議決定）である。大学や研究所においては、体内に吸収された有害因子の動態や急性・慢性毒性、発が

ん性、免疫・神経・生殖発生毒性やそれらのメカニズムを解析し、無毒性量／最低毒性量を求める基礎科学、疫学研究が行われている。これらの結果をもとに、行政はリスク評価を行い、環境基準値、許容濃度や耐容／許容一日摂取量等を求める。基本となる科学情報が、ヒトを対象とした疫学研究か、動物を用いた基礎科学研究かで不確実係数（無毒性量／最低毒性量に対して、さらに安全性を考慮するために用いる係数）の考え方が少し異なる。このようにして人の健康を保護するための値が策定されると、リスク管理や国民とのリスクコミュニケーションが行えるようになる。これがレギュラトリーサイエンスである。

　昨年（2015年）度行われたサイエンスアゴラ（「科学と社会をつなぐ広場」ということで、2006年より科学技術振興機構が毎年開催しているイベント）では5名の研究者／行政官によって、メチル水銀を含有する魚の摂取目安量、農産物の残留農薬の基準値、大気汚染物質として注目されているPM2.5の環境基準値、古典的中毒として知られている鉛の規制値、まだ記憶に新しい東京電力福島第一原子力発電所事故現場で働く労働者に対する放射線の緊急被ばく限度の勧告レベルがどのように策定されたか、それぞれの具体的な研究事例（科学的情報）を挙げながら講演をしていただいた。このアゴラでは4名の討論者を立て（リスク管理とリスクコミュニケーションの議論のために2名の日本学術会議連携会員、リスク教育を行う教育時期を議論するために中学校理科教育経験者、国民とのリスクコミュニケーションの問題点の議論のために主婦）、それぞれコメントをいただいた。メチル水銀については妊婦の週あるいは月当たりの摂取目安として魚の種類別の具体的な摂取回数が提示されていることが注目される。農薬に関しては一日摂取許容量のみならず急性参照用量についても数値が提示されている。PM2.5では1日と年当たりの環境基準が設定されているが、意外にも鉛に関しては多くの見解が出されており、かなり幅広い規制値が提示されている。放射線に関しては緊急被ばく限度が一時的に引き上げられていた。

　レギュラトリーサイエンスはリスク評価が出発点となり、その時点で得られる科学的情報から最も安全性の高い数値が決定されるが、当然暫定値である。新しい科学的データが出てきた場合、その基準値は見直されることになる。大学や研究所における実験的・疫学的研究を実社会生活に応用することの必要性

とその仕組みを理解いただけると考えている。21世紀は有害物質管理の時代であり、科学の進歩に並行してレギュラトリーサイエンスが発展・普及し、科学的評価に基づいてより安全性に配慮された社会となることを願う。

（『信州医学雑誌』Vol.50, No.6, 2002年および那須民江（2016）特集1「レギュラトリーサイエンスの理解と社会応用」, 学術の動向, 第21巻第9号（通巻246号）より転載）

●プロフィール

〔著者紹介〕

林　良嗣（はやし　よしつぐ）

中部大学持続発展・スマートシティ国際研究センター長、名古屋大学名誉教授。世界で100名の
ローマクラブ・フルメンバーの一人・日本支部長、70ヶ国から学者が集まる世界交通学会の会長
として活躍。四日市市で育ち、幼いころは美しい空と海であったが、小中高と学校に通っているう
ちに20kmの海岸線を石油化学工場が占め、甚大な公害に見舞われるのを目の当たりにする。公害
裁判により1年後には美しい空と海が戻ったことを、四日市海洋少年団のカッターボート選手とし
て自らが体験している。

野中ともよ（のなか　ともよ）

NPO法人ガイア・イニシアティブ代表、ローマクラブ・フルメンバー、執行委員。NHK、テレビ東
京でキャスターを務めた後、中央教育審議会など政府審議会委員を歴任。またアサヒビール、ニッ
ポン放送など多くの企業役員を務める。2005年三洋電機代表取締役会長。"いのち"を軸にした環
境負荷の低い商品づくりをVISIONに掲げ卓越した経営手腕を示す。2007年NPO設立。人間も地
球という生命体GAIAの一員として振る舞うべきことを説く。

朴　恵淑（ぱく　けいしゅく）

三重大学人文学部・地域イノベーション学研究科教授および地域ECOシステム研究センター長を
兼任。環境地理学・環境教育（ESD）・環境政策論を専門とし、「四日市公害から学ぶ四日市学」を
通じて、人間学・未来学・環境教育学・アジア学を構築する総合環境科学研究、持続可能な開発の
ための教育（ESD）および持続可能な開発目標（SDGs）を中心に、多面的に研究を進める。

種橋潤治（たねはし　じゅんじ）

三井住友銀行代表取締役兼専務執行役員兼三井住友ファイナンシャルグループ取締役を務めた後、
35年ぶりに地元三重に戻り、2009年より三重銀行頭取、現・会長。加えて、2016年より四日市商
工会議所会頭として地域のリーダーを務める。四日市の歴史、石油化学コンビナート、世界最先端
で最大規模の半導体工場、港湾、環境問題における企業と行政の連携、観光を含め、地域における
経済界の役割に精通している。

馬路人美（ばじ　ひとみ）

四日市公害裁判当時、大気汚染激甚地区の中心にある塩浜小学校に在籍し、小学校では毎日ホウ酸
でうがいをすることが日課となり、付近の海に入ってはいけないと注意されたりした。四日市海洋
少年団のカッターボートの選手として四日市を海から見つめてきた経歴を持つ。海洋少年団OGと
なってからも市民カッターレースに参加している。

鶴巻良輔（つるまき　りょうすけ）

元昭和シェル石油社長。四日市公害裁判の判決まで被告側の昭和四日市石油工務部長を務め、その
後、製造管理部長となる。この裁判には、企業の利潤関数の前にマイナスの記号を付ける役割があ
り、企業行動が180度転換し、汚染防止に向かわせたと、その意義を説く。反省の念を吐露し、ま
た、企業が正しく行動するように、社会がルールを適切に修正していくことの重要性を、講演を通

して若い世代に伝える活動を続けてきた。

岡田昌彰（おかだ　まさあき）

近畿大学理工学部社会環境工学科教授。専門は景観工学、土木遺産・産業遺産を対象としたヘリテージスタディ。著書に、『テクノスケープ——同化と異化の景観論』（鹿島出版会、2003）、『日本の砿都——石灰石が生んだ産業景観』（創元社、2017：日本造園学会賞［著作部門］・日本観光研究学会観光著作賞［一般］受賞）、『美しい英国の産業景観（テクノスケープ）』（創元社、2018）などがある。

森　智広（もり　ともひろ）

四日市市長。市議会議員を務めた後、2016年12月に38歳で市長就任。「31万人元気都市四日市」の実現のため、熱意を持って市政を牽引している。かつて公害を経験し環境改善に取り組んできた歴代市長の意志を引き継ぎ、経済と環境が両立するまちづくりを進める。公害の歴史や教訓を次の世代に伝えるとともに、我が国が世界に誇る高度な環境技術や環境管理のノウハウを、積極的に国内外に発信し続けている。

那須民江（なす　たみえ）

中部大学生命健康科学部特任教授、名古屋大学名誉教授。松本サリン事件の疫学調査も行った化学物質と人体健康の関係の権威。日本学術会議会員を経て現在連携会員。衛生学におけるリスク評価のための研究など、化学物質の毒性とその分子基盤を解析し、リスク評価・リスク管理・リスクコミュニケーションにつなげる「リスク対応型研究」も社会医学においては必須と唱える。

沖　大幹（おき　たいかん）

東京大学未来ビジョン研究センター教授、国際連合大学上級副学長・国際連合事務次長補として活躍。地球上の水の循環や世界の水資源を人間社会との関係も含めて扱う学問である水文学を専門とし、気候変動の影響評価と適応策、仮想水という概念も含めた世界の水資源と持続可能性に関する研究を推進する。この分野の国際リーダー的存在である。

溝口　勝（みぞぐち　まさる）

東京大学大学院農学生命科学研究科教授。土を基軸に多角的な農業の改善の取り組みとして、国内外の農地で観測機器を用いて気象と土壌のデータをインターネット経由で集め、スマート農業を推進するICT営農支援システムの構築や、放射能汚染地域の農業再生を実現する研究で世界をリードしている。

遠藤和重（えんどう　かずしげ）

国際連合地域開発センター（UNCRD）所長。国土交通省に採用され、道路交通をはじめとする社会インフラ分野において国内および海外のプロジェクトを経験し、UNCRD着任前は、復興庁岩手復興局次長として東日本大震災からの復興創生に取り組んだ。道路局企画課企画専門官、世界銀行アフリカ局運輸交通グループ上級道路技術者、国土政策局広域地方政策課調整室長等を歴任している。

〔編者紹介〕

林　良嗣（はやし　よしつぐ）
著者紹介に同じ。

森下英治（もりした　ひではる）
愛知学院大学総合政策学部教授。青年海外協力隊、国際連合地域開発センター（UNCRD）、アジア工科大学院大学（JICA専門家）等を経て現職。開発途上国、とくにパキスタンでの環境問題に取り組んでいたが、近年は国内の上流域の発展や下流域との関係について研究を進めている。日本環境共生学会事務局長を務める。

石橋健一（いしばし　けんいち）
名古屋産業大学教授。国際連合地域開発センター（UNCRD）、慶應義塾大学を経て現職。都市における人々の行動分析についての研究を行っている。近年は、意識と行動の関係について研究を行い、人々の行動変容が発生するメカニズム解明に取り組む。また、日本環境共生学会常務理事を務める。

〔学会紹介〕

日本環境共生学会は、1998年3月14日に設立され、2018年度に20周年を迎えました。人間生活を取り巻く自然環境・居住環境の共生に関する基礎的研究および応用研究を行うとともに、これらの分野に携わる研究者、市民、行政担当者、実務者等による研究成果の発表と相互交流を行うことを通じて、人類の営みと環境との調和・共生を対象とする固有の学問体系の確立に寄与することを目的として活動しています。

環境共生の歩み
──四日市公害からの再生・地球環境問題・SDGs

2019 年 10 月 10 日　初版第 1 刷発行

編　者	林　　良　嗣
	森　下　英　治
	石　橋　健　一
	日本環境共生学会
発行者	大　江　道　雅
発行所	株式会社　明石書店

〒 101-0021　東京都千代田区外神田 6-9-5
電　話　03 (5818) 1171
FAX　03 (5818) 1174
振　替　00100-7-24505
https://www.akashi.co.jp

装　丁	明石書店デザイン室
印刷・製本	モリモト印刷株式会社

（定価はカバーに表示してあります）
ISBN978-4-7503-4903-9

JCOPY 〈出版者著作権管理機構　委託出版物〉
本書の無断複写は著作権法上での例外を除き禁じられています。複写される場合は、その
つど事前に、出版者著作権管理機構（電話 03-5244-5088、FAX 03-5244-5089、
e-mail: info@jcopy.or.jp）の許諾を得てください。

ファクター5

エネルギー効率の5倍向上をめざすイノベーションと経済的方策

エルンスト・ウルリッヒ・フォン・ワイツゼッカー ほか 著

林良嗣 監修　吉村皓一 訳者代表

A5判／並製／400頁 ◎4200円

地球温暖化や人口増加により危機にある地球環境の中で人類が繁栄を維持するためには、環境負荷を今の5分の1に軽減する必要がある。各産業分野で5倍の資源生産性を向上させる既存の省エネ技術を紹介しながら、これら技術の普及による経済発展のために欠かせない政治・経済の枠組みを含めた社会変革を提案する。

● 内容構成 ●

Part I ファクター5への全体的システム・アプローチ
第1章 産業全体のファクター5
第2章 建築
第3章 鉄鋼とセメント
第4章 農業
第5章 交通
Part II 「足るを知る」は人類の知恵
第6章 法的規制
　　　──競争から共生へ、経済のパラダイム変革が持続可能な開発を可能にする
第7章 経済的手段
第8章 環境リバウンド
第9章 長期的環境税
第10章 国家と市場のバランス
第11章 足るを知る

持続性学

名古屋大学環境学叢書2
林良嗣、田渕六郎、岩松将一ほか編
自然と文明の未来バランス
開発成長のパラダイム転換
◎2500円

東日本大震災後の持続可能な社会

名古屋大学環境学叢書3
林良嗣、安成哲三、神沢博、加藤博和ほか編
世界の識者が語る 診断から治療まで
◎2500円

中国都市化の診断と処方

名古屋大学環境学叢書4
林良嗣、黒田由彦、高野雅夫ほか編
ローマクラブメンバーとノーベル賞受賞者の対話
◎3000円

持続可能な未来のための知恵とわざ

名古屋大学環境学叢書5
林良嗣、中村秀規編
伝統知とビッグデータから探る国土デザイン
◎2500円

レジリエンスと地域創生

林良嗣、鈴木康弘編著
◎4200円

道路建設とステークホルダー 合意形成の記録

林良嗣、栗原淳著
四日市港臨港道路霞4号幹線の事例より
◎2000円

アジアの経済発展と環境問題

社会科学からの展望 伊藤達雄、戒能通厚編
◎3500円

グローバル環境ガバナンス事典

リチャード・E・ソーニア、リチャード・A・メガンク編
植田和弘、松下和夫監訳
◎18000円

〈価格は本体価格です〉